사람 공간 건축

인문학으로 다시보는 공간

사람 공간 건축

초판 1쇄 발행 2022년 4월 11일
초판 2쇄 발행 2024년 5월 10일

지은이 양용기   펴낸곳 크레파스북   펴낸이 장미옥
편집 정미현, 노선아   디자인 김지우, 김문정   마케팅 김주희

출판등록 2017년 8월 23일 제2017-000292호
주소 서울시 마포구 성지길 25-11 오구빌딩 3층
전화 02-701-0633   팩스 02-717-2285   이메일 crepas_book@naver.com
인스타그램 www.instagram.com/crepas_book
페이스북 www.facebook.com/crepasbook
네이버포스트 post.naver.com/crepas_book

ISBN 979-11-89586-45-4(03540)
정가 17,000원

이 도서의 국립중앙도서관 출판예정도서목록CIP은 서지정보유통지원시스템 홈페이지(http://seoji.nl.go.kr)와
국가자료종합목록 구축시스템(http://kolis-net.nl.go.kr)에서 이용하실 수 있습니다.

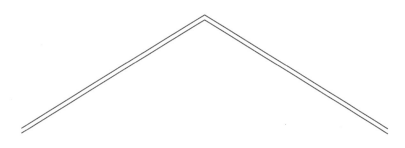

인문학으로
다시보는 공간

사람 공간 건축

글 양용기

크레파스북

공간,
건축으로 피어나다

건축가 브루노 제비(Bruno Zevi)는 건축 이론의 정리가 필요하다고 말한 적이 있다. 이론은 곧 건축가의 사고이다. 이는 건축에 대한 사고가 다양하여 이에 대한 정리가 필요함을 그가 말한 것이라 본다. 그렇다면 왜 건축은 이렇게 다른 분야에 비해 다양한 사고가 존재하는가? 화학은 수소(H) 두 개와 산소(O) 한 개가 만나면 물이 만들어져야 한다. 그렇지 않으면 큰일이다. 수학은 1+1=2가 되어야 한다. 그렇지 않으면 혼란이 온다. 그런데 건축은 이것이 전부가 아니다. 건축도 명확해야 하는 부분이 있다. 구조, 안전, 설비 등은 명확한 답을 놓고 하는 작업이다. 그러나 건축은 공간을 만드는 부분이 주 목적이다. 그런데 공간도 사실은 주가 아니다. 왜 공간을 만드는가에 대한 답은 따로 있다. 바로 인간을 위하여 만드는 것이다. 인간의 행복이나 심리 또는 정신적인 부분은 앞의 화학이나 수학처럼 명확하게 정의할 수가 없다. 이러한 인간의 섬세한 부분이 건축 공간에 대한 정의를 내리는 데 어려움을 준다.

하나의 디자인을 놓고 사람들은 다양한 평가를 매긴다. 때로는 동일한 사람이 그때의 기분과 조건에 따라 다른 결과를 내릴 수도 있다. 건축 공간은 이러한 디자인들과는 많이 다르다. 사용하고 버리고 수시로 바꿀 수 있는 사물이 아니다. 그 안에서 생활하고 때로는 평생을 그 공간에서 살아야 한다. 설계는 단순히 물리적인 작업을 하는 것이 아니라 그 공간 안에서 생활하는 사람을 생각하며 공간을 만드는 것이다. 대상이 명확할 수도 있고 그렇지 않을 수도 있다. 그래서 보편적인 조건을 생각하며 공간 구성을 해야 한다. 때로는 공간 그 자체를 대상으로 작업하는 경우도 있다. 르네상스는 인본주의를 바탕으로 규칙과 틀을 만들었다. 인간의 시각에서 즐거움을 얻는 기준이 담겨 있었던 것이다. 그런데 이에 반하여 등장한 것이 매너리즘이다. 이론이 복잡한 것이 아니라 사용자인 인간이 복잡한 것이다. 복잡한 인간의 기준에 가장 근접한 것을 찾아 나서다 보니 건축 이론이 복잡해진 것이다.

어느 건축가는 자신의 건축 철학을 '빈자의 미학'이라고 표현했다. 많은 사람들이 이 말을 좋아한다. 너무 좋은 말이다. 그런데 내게는 너무 어려운 말이다. 빈자가 될 수 없기 때문이다. 이 말은 철학적인 말이다. 아직 나는 이 깨달음에 도달하지 못한 모양이다. 아마도 내가 평생을 시도해야 하는 말이 아닐까? 이 또한 새로운 건축 용어이다. 많은 독자가 책을 선택하지만 이렇게 전문 용어 하나하나에 어려움을 겪고 책 읽기를 포기하는 경우가 있다. 가능한 어려운 용어는 사용하지 않고 쓰려고 시도했는데 어렵다. 이로 인해 책이 너무 가벼운 느낌도 든다. 특히 건축 양식에 대한 이름을 올리는 것조차 혼란스러울까봐 내용을 많이 축소했는데 어떤 이는 축소한 것이 더 어렵다고 하기도 한다. 그래도 이 책이 독자 분들에게 또 하나의 용어를 이해하는 데 도움이 됐으면 하는 바람이 있다.

책을 쓸 때마다 브루노 제비가 건축 이론을 정리한 의도를 깨닫는다. 가능하면 새로운 이론을 사용하지 않고 쉽게 쓰려고 시도하지만 이 또한 내 생각일 뿐이다. 대학교 2학년 때 건축의 전도사가 되겠다는 목표를 가졌고 이를 20년 동안 시도하고 있다. 전공 책은 충분히 많다. 일반인들을 대상으로 책을 쓰려고 노력하지만 탈고하고 읽어 보면 쉽지 않다. 많이 부족하지만 그래도 이 책이 건축을 접하는 사람들에게 쉽게 다가갈 수 있다면 좋겠다. 책을 시작하면 두서 없이 써 내려가는 버릇이 문제이다. 그래도 크레파스북에서 잘 정리해 주셔서 감사드린다.

2022년 3월
분당에서 **양 용 기**

프롤로그
공간, 건축으로 피어나다   004

Part 01

인류,
공간을 짓다

01. 인류와 건축의 동행   012
02. 건축물과 건축   035
03. 공간에 무엇을 담을 것인가?   047
04. 건축가의 등장   059
05. 건축가의 철학   069

Part 02

인간과 자연,
그 사이에서

01. 건축이 향하는 곳은 어디인가?   080
02. 인간을 닮으려는 건축   090
03. 자연을 닮으려는 건축   107

Part 03

인간과
공간의 교류

01. 공간에 자유를, 주거에 변화를   126
02. 인간과 공간은 서로에게 영향을 준다   138

Part 04

건축물로
이루어진 도시

01. 도시는 어떻게 만들어지는가?   156
02. 도시가 선사하는 경험   171
03. 우리의 도시는 안녕하십니까?   187

Part 05

새로운 시대,
새로운 건축을
고민하다

01. 건축의 과거, 현재, 그리고 미래   216
02. 4차 산업혁명과 건축   236
03. 팬데믹의 시대, 건축의 미래   245

에필로그
우리에게 자연을 파괴할 권리는 없다   258

이미지 출처   262

사람　　공간　　건축

Part 01

인류,
공간을 짓다

인류와 건축의
동행

동굴 밖을 향한 인류

인류 최초의 집은 동굴이었다. 물론 인간이 동굴에만 거주한 것은 아니었다. 인간이 머물기에 적절한 자연환경을 갖춘 지역에서는 숲속에 거주하기도 했다. 거주지가 동굴이든 숲속이든 지금 우리가 추구하는 거주지의 요소와는 개념부터 달랐다. 최초의 인류에게 가장 중요한 거주지의 요소는 생존에 대한 보장이었다.

원시시대의 생활 방식은 대부분 집단 형태였고 개인의 욕구 충족이나 소규모 집단을 허용하지 않았으므로 공동체적인 사회 구조와 지배 구조 속에서 살아야 했다. 이러한 구조에서는 개인의 정체성보다 집단의 성향이 더 중요했다. 집단 전체가 하나의 덩어리로 발달 과정을 거친 탓에 사회 발달 속도가 늦었고, 다양한 사회를 구성하기도 힘들었다.

인구가 증가함에 따라 대단위 집단이 동굴이나 숲속의 작은 영역에서 공동으로 거주하기에 어려움이 따르면서 집단의 형태는 분화되기 시작했다. 분화된 집단 속에서도 결정권자의 독단적인 역할은 여전히 사회적으로 존재했지만 모든 구성원이 결정권자의 영역에 속해 있지 않다는 것은 대단한 혁명으로 작용했다.

예를 들어 하나의 영역으로 제한된 동굴 속에서 모든 무리가 생활할 경우 집단의 규칙을 절대적으로 따라야 했으므로 개인의 잠재력은 무시되었을 것이고 특히 개성이 다른 구성원의 경우에는 다수의 이익을 위해 희생되고 절대 권력자의 시야 범위에 있다는 것은 불편한 일이었을 것이다. 종족의 번식으로 인해 집단이 소규모로 분산되어 무리의 범위에서 멀어질 때 보호 영역에서 벗어난다는 불안감도 따르지만 그보다 미미하게나마 자유를 보장받을 수 있다는 점에서 이 같은 현상은 점차 확대되는 추세였다. 권력자는 모든 무리를 자신의 영역 안에 두지 못하는 것을 불만족스러워했지만 식량 공급과 영역 다툼이라는 생존과 맞닥뜨린 문제로 인해 이 같은 변화를 받아들일 수밖에 없었을 것이다.

여기에서 보호와 자유라는 두 개의 선택지가 생겼다. 이때 인류는 자유를 선택했고 보호는 스스로 만들어가기로 했다. 동굴의 제한된 영역은 증가하는 무리의 숫자를 다 수용할 수 없었기에 일부는 동굴 밖을 선택해야 했다. 인류가 동굴로 들어간 이유는 두 가지이다. 하나는 맹수로부터 안전하기 위함이고 또 하나는 자연의 변화, 즉 기후 때문이었다. 동굴 밖을 선택한 무리는 이 문제들을 해결해야 했고, 이 두

가지를 해결하는 방법이 바로 건축이었다.

동굴은 외부 형태가 존재하지 않는다. 그러나 건축물은 내부와 외부로 구분된다. 동굴의 입구는 거대한 맹수에게는 장애물로 적용하시면 동굴 밖의 건축물은 그대로 노출되어 있기 때문에 안전하지 않다. 인간 사회의 발달은 초기에 위험에 대한 방어 작용에서 본능적으로 시작되었다. 동굴에서 방출된 집단도 처음에는 다른 동굴을 찾아 떠났을 확률이 높다. 그러나 집단생활을 영위하다 분리된 부류는 안전한 주거와 식량이라는 공통분모를 만족하는 지역을 찾기 어려웠을 것이며 결국 식량을 구하기 쉬운 지역을 선택했을 확률이 더 높다. 이것이 인류 역사에서 물가에 주거 흔적이 더 많이 발견되었던 이유다.

아프리카처럼 겨울이 드문 지역은 오히려 사계절이 존재하는 지역보다 거주지를 정하기 쉬웠을 것이다. 동굴에서 나온 부류들은 더 좋은 환경과 식량을 찾아 이동하였고 시간이 흐르면서 환경에 맞게 신체 조건이 적응하는 변화를 겪게 되었다. 이렇게 정착한 부류들은 나름대로 생존 방법을 터득하며 여러 면에서 생활의 발달을 가져오게 되었다. 그리고 이러한 발달 속에 건축은 인간 삶의 중요한 의미로 작용하게 되었다. 동굴 속에 살았던 인류는 가장 안전한 위치와 가장 좋은 자리를 기억하고 있었다. 동굴에서 나온 사람들에게 그러한 상석의 의미는 존재하지 않았다. 하지만 다양화되어 가는 삶의 형태에 질서를 갖추기 위해서는 상석이 필요했다. 특히 선사시대(Prehistory, 인류가 문자를 발명해 역사를 기록하기 이전의 시대) 이후 등장한 문자는 인류에 큰 변화를 가져왔다. 문자는 단지 의사소통의 기능뿐 아니라 지배 기능으로서의 역할도 갖게 되었다. 지배층은 권력의 상징이 필요했고 문자로 법과 규칙을 명료화하는 작업에서 그치지 않았다. 여기에 더해 건축이 그 시각적인 역할을 담당하게 되었다.

선사시대 이전과 이후로 건축 형태에도 많은 변화가 있었다. 선사시대 건축은 자연환경과 맹수로부터의 보호라는 건축물의 기본적인 역할에 충실했다면 그 이후 건축물은 여러 가지 면에서 권력의 상징적인 역할을 했다. 그렇다면 왜 자연으로부터 보호라는 기본적인 역할에 상징적인 기능이 추가된 것일까? 이 질문은 건축의 발달에 있어 중요한 내용을 담고 있으며 건축이 우리에게 왜 필요한가라는 질문에 대한 시작점이 된다.

초기 동굴에서 최고 권력자가 차지했던 영역의 상징적인 의미는 동굴을 벗어난 후에도 여전히 필요했던 것이다. 높은 자리, 충분한 영역, 그리고 가장 안전한 위치 등 권력자의 상징과 복종을 강요하는 무의식적인 행위는 현대까지 이어지고 있다. 원시시대 초기에는 건축이 물리적인 상징으로 작용했지만 인간 삶의 질과 인문학의 발달로 감성적이고 의미론적 그리고 부의 상징으로 건축의 역할은 또 다른 방향으로 변화하고 있다. 초기 지도자의 자질은 지금과 많이 달랐다. 다양한 리더십보다는 식량 문제를 해결할 수 있는 강인한 능력이 더욱 요구되었다. 하지만 시대의 흐름에 따라 리더의 자질과 역할은 변화해 왔고 이러한 변화에 중요한 핵심이 바로 건축이라 할 수 있다. 물론 다른 분야에서는 이와 다른 견해를 가질 수 있지만 건축의 발달이 곧 삶의 변화뿐 아니라 모든 구조의 변화를 가져온 것은 사실이다.

인간이 살아가는 데 있어서 반드시 필요한 생활의 기본 요소 세 가지는 의식주이다. '의(Dress)'의 가장 기본적인 역할은 계절에 따른 방어에서 시작해 부끄러운 모습을 가려주는 것이다. 그리고 '식(Food)'은 공복을 해결해 주는 역할이다. 현대에 들어 '의'와 '식'은 인간에게 또 다른 즐거움을 주는 역할도 갖지만 기본적인 역할 자체는 과거와 크게 달라지지 않았다. 그러나 '주'에 해당하는 건축은 주거 이상의 의미를 갖고 있다. 옷과 음식에 따른 빈부의 차이는 있을 수 있지만 이는 선택사항이다. 그러나 건축은 동굴을 벗어난 이후로 '의'와 '식'보다 생존에 관계된 부분 이상으로 시대가 변하면서 주어진 역할이 달라지고 있다.

주거가 완벽하게 해결되지 않는다면 입고 먹는 것에 대한 문제보다 더욱 심각하게 삶의 안정감에 위협을 줄 수 있다. 우리가 문을 닫고 들어가 나만의 공간을 확보한다는 의미는 곧 새로운 사회를 구성하는 것을 의미하며 이는 곧 정신적인 영역으로 다가서는 것이다. 다시 말해 사람은 자신에게 주어진 공간이 바뀔 때마다 새로운 환경과 마주하게 되는 것이고 그 환경에 적응해야 한다. 자기만의 공간에서 가장 작은 세계가 형성되고 사회가 만들어지며 이는 곧 모든 것의 시작과 끝이 되기도 한다.

공간은 정체성의 출발점이며 '의'나 '식'에서 찾을 수 없는 가장 안락한 영역을 제공한다. 그래서 건축은 '의'와 '식'에 비해 다양하지는 않지만 주거라는 본래의 목적을 넘어선 기능을 부여받았다. '의'와 '식'은 일시적인 특징이 있는 반면 건축은 지속성과 영역의 필요성이라는 특성으로 인하여 그 영역과 규모에 따라서 부와 권력의 상징으로 자리매김했다. 과거에는 건축이 의식주 중 하나라는 개념이 크게 자리하지 않았다. 하지만 과거 식량 싸움과는 달리 영역의 확보는 곧 건축물의 확보로 이어지며 이것이 다시 부와 권력의 상징으로 이어졌고 침략의 원인으로 작용하기도 했다. 로마가 다른 영토를 점령하면 점령한 지역에 대형 건축물을 지어 과시했던 것도 권력의 메시지를 전달하려는 목적이 있었기 때문이다. 건축은 이렇게 고유의 기능을 넘어 또 다른 상징으로 사용되었다. 이것이 건축이 필요한 또 하나의 이유가 된 것이다.

중세에 들어 건축은 권력뿐 아니라 종교적인 상징성을 가져야 했고 근세에 접어들면서 건축은 또 다른 의무를 갖게 되었다. 이것은 권력의 이동이었다. 부를 축적한 상인과 같은 일반 시민들이 상류층과 같은 건축물을 요구하게 된 것이다. 이들은 사회적 지위는 없지만 당시 상류층의 빈곤을 해결하는 부류로서 건축물을 통해 지위를 과시하고자 했다. 권력자만의 시대였던 중세에는 볼 수 없었던 건축가들이 근세에 등장하게 되고 부를 가진 자들의 경제적인 지원을 받으면서 이들을 위한 건축물을 설계하게 되는데 이것이 로톤다(별장)와 같은 건축물이다.

근세 전까지 존재하지 않았던 부자들의 건축물은 그 시대의 새로운 디자인을 선보이고 건축 시대의 변화를 보여주고 있다. 근세까지 건축이 하나의 학문으로 인정받은 것은 아니었다. 당시 근세는 철학, 신학, 문학 그리고 법학이 주 학문이었다. 건축이 전공으로 그리고 전문직으로 인정받게 된 것은 20세기에 들어서였다. 건축의 역사는 이미 인간의 역사와 궤를 함께했는데 근대에 들어서야 학문으로 인정하게 된 이유는 무엇일까? 이것은 건축이 우리에게 왜 필요한가라는 의문에서 찾을 수 있다.

신들의 시대

건축의 형태는 다양하게 나타나고 있다. 이를 우리는 양식이라고 부른다. 프랑스 건축가 르 코르뷔지에(Le Corbusier)는 양식을 귀부인의 머리에 꽂은 깃털이라 표현하기도 했다. 양식은 건축에서 그다지 중요한 요소가 아님을 비유적으로 표현한 것이다. 그러나 양식을 이해하지 못하면 건축의 형태를 이해할 수 없다. 과거의 건축 형태를 굳이 이해해야 하는 이유는 따로 있다. 형태는 그 건축가 또는 그 시대의 스타일이기 때문이다. 건축 형태가 왜 다양한지 깨닫는다면 건축을 이해하는데 도움이 될 것이다. 고대, 중세, 근세 그리고 근대와 현대까지 각 시대는 코드를 갖고 있다. 시대 코드는 그 시대를 집약한 키워드이다. 고대는 신인동형, 중세는 기독교(신본주의), 근세는 인본주의 그리고 근대는 기계 또는 탈 과거로 볼 수 있으며 현대는 형태의 춘추전국시대라 정리할 수 있다.

건축 형태는 그 시대 상황을 반영한다. 선사시대 이후 부족국가로 성장하던 시대에서 도시국가가 발전하면서 그 시대를 반영하는 건축물이 등장하기 시작했다. 이것이 고대이다. 고대의 시대적 코드는 신인동형이다. 왕은 곧 신과 같은 존재였다. 그래서 이 시대의 건축물을 이해하기 위해서는 종교적 차원에서 바라보아야 한다. 당시 이집트는 여러 종교 중에서 주로 태양신을 믿었다. 그들은 사후 세계가 존재한다고 여겼고 죽음은 영혼이 여행을 떠나는 것이며 영혼이 여행을 끝내면 육체로 복귀한다고 믿었다. 미라는 오랫동안 육체를 보존하기 위한 방법이었다. 일반인들이 죽으면 미라의 형태로 그대로 땅에 묻었지만 왕은 일반인보다 사후 여정에 필요한 것이 훨씬 많았을 것이다. 이것이 피라미드를 만들게 된 이유였다. 그러나 처음부터 사막이라는 공간에 피라미드를 만들려던 것은 아니었다. 산을 파고 들어가 미라를 보관하려 시도했지만 산이 많지 않은 지역이기에 산의 외형과 흡사하면서도 안정적으로 여겨지는 삼각뿔 형태의 피라미드로 대신한 것이다. 이런 형태의 피라미드가 이집트에만 있었던 것이 아니라 전 세계에 분포해 있는 것으로 미루어 피라미드가 형태상 당 시대에 가장 안정적인 구조라는 인식을 공유했을 것으로 추측한다.

이집트에서 피라미드가 있는 지역은 하나의 특징이 있다. 바로 나일강의 서쪽에 집결되어 있다는 것이다. 남에서 북으로 흐르는 나일강을 기준으로 살펴보면 동쪽으로 마을이 있고 서쪽으로 피라미드가 나일강과 직각으로 배치되어 있다. 여기에서 왜 피라미드를 그렇게 거대하게 만들었는지 의문이 풀린다.

피라미드는 분명 거대한 규모를 자랑하지만 바다처럼 지평선이 넓은 사막에서 피라미드를 바라보면 그리 큰 규모는 아니다. 피라미드는 왕의 무덤이기도 하지만 사막에서는 오아시스 같은 이정표 역할을 한 것이다. 사막에서 길을 잃었을 때 피라미드를 발견하면 피라미드의 동쪽에 나일강이 있고 나일강을 건너면 마을이 있다는 것을 당시 이집트인들은 알고 있었다. 이러한 이집트의 피라미드와 미라에 대한 관습은 기독교 국가인 로마제국에 점령당한 후 기독교 교리에 맞지 않아 이어지지 못했다.

피라미드, 이집트

    대부분의 사람들은 그리스라는 국가에 대해 이야기할 때 가장 먼저 신전을 떠올릴 것이다. 그리스는 어느 나라보다 신화가 풍부한 도시국가였다. 그리스에 신화가 많이 등장한 배경에는 험준한 자연환경을 그 이유로 꼽을 수 있다. 이들은 자연 앞에 인간의 허약함을 신이 등장하는 신화를 통해 극복하려 했다. 또한 그리스는 도시국가 이전에 다양한 부족국가를 이루고 있었는데 부족 간의 전쟁에서 승리와 패배는 곧 각각의 부족이 숭배하던 신들의 평가에도 영향을 미쳤고 이런 과정에서 자신들의 신을 모신 신전을 등장시켰다. 그리스 신전의 대표적인 요소는 '삼각지붕', '기둥' 그리고 '단'이다. 이것이 그리스 신전의 형태 요소이고 후에 신전의 상징적인 형태로 자리매김했다.

    신전의 지붕을 삼각형으로 건축한 것은 그것을 가장 안전한 형태로 여겼기 때문이다. 사각형일 경우 하중의 흐름을 해결하기 힘들어 구조상 트리글리프(Triglyph)를 설치해야 했다. 이럴 경우 자칫 반복적인 표현으로 인해 지루한 형태가 되었을 것이다. 반복적인 표현 자체를 싫어했을 것이라는 추측은 그리스 신전에서 사용된 기둥을 보면 알 수 있다. 그리스인들은 신전의 성격에 따라 각기 다른 형태의 기둥을 선택했는데 여기에는 도리아식, 이오니아식 그리고 코린트식 등의 3가지 타입이 있다.

도리아식 기둥은 남성적인 성향을 보이는 기둥으로 강함을 나타내기 위하여 기단부가 위에 얹히고 아래는 아무것도 없는 형태로 높은 신의 신전에 일반적으로 사용되었다. 이오니아와 코린트식은 여성적인 성격을 갖는 기둥으로 섬세한 곡선 또는 화려하고 장식적인 스타일이 특징이다. 이처럼 그리스 건축 양식은 일반적으로 고대 건축 양식에서 가장 많이 쓰이는 방식으로 현대에 와서도 권위적인 건축물들에 많이 활용되고 있다.

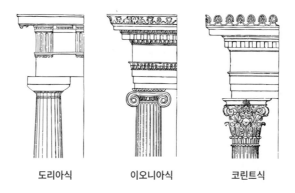

| 도리아식 | 이오니아식 | 코린트식 |

(좌)코린트식의 제우스 신전(Temple of Olympian Zeus)
(우)이오니아식의 에레크테이온 신전(Erechtheion)

고대 건축물 중 가장 일반적이며 이후 시대에 통합적으로 쓰이는 양식은 로마 양식이다. 로마는 이집트와 그리스를 점령한 후 이들의 양식을 많이 흡수했다. 특히 로마 병정들은 다수가 몰려다니는 성격이 있어서 앞의 두 양식은 로마에 적합하지 않았다. 그래서 개구부를 넓히는 방식으로 아치를 도용했고 넓은 공간을 위한 지붕으로 돔을 사용했다. 이 두 양식에서는 화강암과 석회암 등의 석재가 주재료였는데 이는 로마의 아치나 돔에는 적합하지 않았다. 그래서 이태리에 풍부한 화산성 재료로 벽돌과 콘크리트를 사용했다. 대표적인 건축물이 로마에 있는 판테온 신전이다. 로마의 아치는 옆과 위의 반지름이 같은 아치로 옆이 길어질수록 위로도 높아지는 단점이 있어 이후에 변형된 아치가 등장하게 되었다.

더 높은 교회를 향한 중세, 인문학이 싹튼 근세

중세는 신본주의(神本主義), 즉 기독교 시대였다. 콘스탄티누스 황제가 313년에 기독교를 공인하고 380년에 테오도시우스 1세가 로마제국의 국교로 기독교를 승인하면서 건축물 또한 기독교의 영향을 받게 되었다. 중세는 비잔틴(초기 기독교, 콘스탄티노플), 로마네스크 그리고 고딕으로 시대를 구분한다. 고대는 수평적인 형태에 가까운 건축물이었던 반면 중세는 점차 수직적인 형태로 발전하다 고딕에 와서 수직 형태의 최고점에 도달한다. 이는 기독교 신앙과 깊은 관계가 있다. 수직 형태가 신이 있는 하늘과 연결되는 상징적인 통로로 활용되었던 것이다.

건축물이 종교의 영향으로 수직적인 변화를 보였듯 건물 평면도 또한 종교적인 성격을 띠면서 마스타바(Mastaba, 직사각형 모양의 고대 이집트 무덤 형식)에서 십자가 형태로 변화했다. 이는 기독교의 영향도 있지만 정치적으로 황제의 권력이 교황으로 분산되는 영향도 컸다. 당시 교황은 절대 권력이었다. 교황이 직접 왕관을 씌워주어야 비로소 로마 황제로 인정받을 수 있었다.

또한 훈족과 게르만, 그리고 노르만의 이동으로 콘스탄티누스 황제가 방어 지형이 좋은 비잔틴(지금의 이스탄불)으로 수도를 옮기게 되면서 로마가 교황청이 있는 서로마와 황제가 있는 동로마로 나뉘는 변화를 맞이하게 된다. 비잔틴 도시는 황제의 이름을 따 콘스탄티노플로 불리며 1000년 이상 존속하지만 서로마는 476년 멸망한다. 이후 서로마가 있던 유럽은 프랑크 왕국이 세워지게 되고 이러한 정치적인 혼란은 로마네스크라는 새로운 건축 양식으로 표현된다.

300여 년에 걸친 십자군 전쟁은 신앙을 고취시키려는 의도와는 다르게 신앙의 약화를 가져오면서 교황청은 다시 신앙이 삶의 모든 영역에 영향을 끼칠 수 있게 도시 어디에서나 교회가 보일 수 있도록 더 높은 교회 건축물을 요구하게 되는데 이것이 고딕 양식의 등장으로 이어졌다.

중세가 끝나고 근세가 등장하게 된 배경에는 크게 2가지 사건이 있다. 하나는 이슬람 제국에 의한 동로마의 멸망으로 기독교 세계에 온 충격이고 다른 하나는 이슬람 제국에 의한 1000년간의 유럽 일부 지배이다. 십자군 4차 출정에서 기독교 군사가 예루살렘으로 향하지 않고 베네치아 상인들의 설득으로 비잔틴을 점령한 것이 동로마 멸망의 가장 큰 원인이었다. 기독교 신앙에 의지하여 1000년을 지내온 유럽인들에게 동로마의 멸망은 신앙에 대한 의심을 싹트게 했고 이것을 계기로 인간을 되돌아보는 인본주의가 탄생했다. 모든 것의 기준이 기독교 신앙이었던 삶에서 이제는 인간이 주체가 되려는 시도를 하게 된 것이다.

비잔틴을 함락한 이슬람 세력은 스페인까지 치고 올라오며 유럽을 공포에 떨게 했다. 창과 검으로 무장한 기사를 앞세운 유럽에 비해 총과 포를 앞세운 이슬람 세력의 문명은 가히 위협적이었다. 다른 한편으로는 그동안 기독교 신앙에 막혀 시도해 보지 못했던 다양한 기술들을 이슬람 세력의 실크로드를 통해 받아들이는 계기가 되기도 했다. 이러한 변화가 중세를 무너뜨리고 근세가 시작되는 계기가 되었다.

근세의 시작은 바로 르네상스(Renaissance)라고 할 수 있다. 르네상스는 Re(다시)와 Naissance(만들다)라는 단어의 조합으로 '다시 만들다' 또는 '재생한다'는 의미를 가지며 기독교를 부정하면서 생겨났다. 그래서 이들은 기독교 시대에 빛을 보지 못한 고대의 학문을 다시 연구하기 시작했다.

근세에 들어 처음으로 과거 시기를 구분해 고대와 중세를 나누었으며 고대를 클래식이라 칭하며 이를 중요시하려는 경향이 나타났다. 여기서 클래식은 그리스와 로마의 문명을 의미하는 것으로 그 시대의 문법(Grammar), 웅변(Rhetoric), 시(Poetry), 역사(History) 등을 재조명하면서 르네상스가 시작되었다고 할 수 있다.

르네상스는 최초의 인문학이 싹튼 시기로 인간을 연구하고 인간을 세상의 주인공으로 등장시키려 시도했다. 중세에는 인간의 육체를 죄악시했으나 르네상스는 인문학을 통하여 인간을 재발견하려 노력했다. 르네상스를 정의하자면 인간의 복귀라고 할 수 있다. 중세에는 죄악 덩어리인 인간의 육체 내에 존재하는 영을 더럽히지 않도록 늘 신앙적인 생활을 해야 함을 강조했다면 르네상스는 인간의 홀로서기를 시도하고 인간의 관점과 신의 관점을 분리하기 시작했으며 영적인 것과 육체적인 것의 공존을 시도했다.

르네상스 시절 대표적인 건축물 중 하나인 성 베드로 대성당은 콘스탄티누스가 통치하던 4세기에 만들어진 교회로 성 베드로의 무덤을 표시하는 곳에 세워졌다. 정치적인 문제로 교황이 약 70년 동안 교황청을 프랑스 남부 아비뇽으로 옮겼다가 15세기 말에 로마로 복귀하면서 황폐해진 성 베드로 대성당을 복원하였고 지금의 형태가 만들어졌다.

성 베드로 대성당(San Pietro Basilica), 바티칸시티
르네상스 건축의 대표작

성 베드로 대성당의 기둥, 창문의 비례 등에서 르네상스에서 시도한 질서, 균형, 조화 그리고 논리에 대한 의도를 알 수 있다. 중세에 반해 등장한 근세는 고대에서 그 원리를 찾았다. 예를 들어 중세 건축물이 수직적인 특징을 보인다면 근세는 고대의 수평적인 특징을 다시 가져왔다. 이는 기둥의 사용을 보아도 알 수 있는데, 기둥은 그리스 신전의 중요한 요소로 내부에 빛을 유입하는 데 큰 역할을 한다.

르네상스의 흐름 속에서 등장한 것이 바로 매너리즘이다. 매너리즘은 양식의 사춘기라 부르기도 하는데 이는 곧 르네상스의 질서, 균형, 조화에 대한 반항이었다. 그러나 예측하건데 르네상스는 다빈치, 미켈란젤로, 라파엘로 등과 같은 예술가들이 이미 완성했기에 그들보다 뛰어난 작품을 선보일 수 없다면 눈길을 끌 수 없었을 것이다. 그래서 매너리즘은 그러한 규칙을 벗어나야 했을 것이다. 하지만 매너리즘이 있었기에 바로크 그리고 로코코가 등장할 수 있었다. 사실 어느 시대나 이전의 규칙에 반항하는 사조는 늘 있어 왔다. 반항적인 표현은 다비드상을 보면 더 잘 알 수 있다. 미켈란젤로의 다비드상은 르네상스 시대가 요구하는 질서, 균형 그리고 조화의 표현이 잘 나타나 있다. 그러나 매너리즘 작가 베르니니의 다비드상은 골리앗 앞에 선 다윗의 신앙의 당당함을 나타내기보다는 인간의 내면을 표현하는 데 중점을 두었다. 매너리즘은 르네상스의 규칙과 질서보다는 인간의 내면을 나타내려 노력했다.

다양한 양식의 출현

건축을 포함한 예술은 시대를 반영한다. 중세는 기독교라는 프레임으로 개인의 능력보다는 신앙이 가치의 잣대로 작용하였기 때문에 건축은 물론 예술품들은 그 예술가의 작품이라기보다는 주문 제작에 가까웠다. 하지만 르네상스부터 건축가를 포함하여 우리가 아는 예술가가 본격적으로 등장한다. 인간이 배제된 채 기독교라는 하나의 시대 코드로 1000년을 이어온 중세에 비해 근세는 인본주의라는 모토 아래 인간의 다양한 모습이 등장했다. 그래서 근세는 르네상스로 시작되었지만 오래지 않아 매너리즘이 등장하고 이후 바로크와 로코코가 등장할 수 있었다.

기독교 시대에는 결코 매너리즘 같은 표현이 등장할 수 없었다. 다양한 표현이 주는 시대적 의미는 아주 중요하다. 중세에는 황제와 교황의 권력이 막강했다. 이는 곧 다양한 사람들의 등장을 막는 데 크게 작용했다. 고대에는 이집트, 그리스, 로마, 중세에는 비잔틴, 로마네스크, 고딕 등 각 3개의 양식뿐이었다. 개수뿐 아니라 그 기간 또한 상당히 길다. 이렇게 적은 수의 양식이 등장했다는 것은 제한된 사회였다는 것을 의미한다. 근세에 들어 르네상스, 매너리즘, 바로크, 로코코, 신고전주의 등 5개의 양식이 앞의 두 시대보다 짧은 시간에 등장했다는 것은 훨씬 자유로운 표현이 가능했고 다수가 사회의 역할을 할 수 있는 시기였음을 나타낸다.

매너리즘에 힘입어 바로크가 등장한다. 바로크에는 '기괴하고 비뚤어진 진주'라는 뜻이 담겨 있다. 이는 받아들이지만 내키지는 않다는 것을 의미한다. 황제와 교황이라는 두 개의 상징적인 최고 권력 구조에서 상인이라는 새로운 부류가 등장했다. 이들은 실크로드 등을 통한 무역에서 부를 축적한 반면 국가는 빈번한 전쟁으로 인해 경제적 어려움을 겪게 되면서 상호 간에 필요한 것을 보유한 상태가 되었다. 그래서 집권 세력은 상인이라는 세 번째 부류의 등장을 묵인할 수밖에 없었고 이들이 곧 사회 변화의 밑거름이 되었다. 바로크의 특징은 중심이 없다는 것, 즉 모두가 역할을 갖고 있다는 것이다. 르네상스 시대의 최후의 만찬이나 성모마리아 그림을 살펴보면 관찰자가 어느 한 부분에 초점을 맞추도록 유도하는 것을 알 수 있다. 그러나 바로크 양식의 그림 속에는 다초점으로 이뤄져 모든 사물이 각자의 역할을 부여받는다.

　이러한 다초점적 사고는 강대국의 식민지 점령에 영향을 주었다. 세계로 세력을 뻗어나가는 명분이 되었으며 기독교와 무력을 전파하는 이유가 되기도 했다. 그리고 이러한 의견을 전파하고 시각화하는 역할을 하는 부류가 바로 예술가였다. 그래서 바로크 시대에 예술은 더 화려해지고 복잡해져 갔다. 과거의 예술은 종교적으로 중요한 수단이었기에 관찰자들이 보는 것이 명확했지만 바로크 시기에 와서는 표현하는 모든 부분에 알리고자 하는 내용을 하나의 메시지로 담기보다는 전체적인 맥락을 전달하려 했기 때문에 다양한 초점을 요구했다. 그래서 우리는 바로크를 화려하다고 표현하는데 정확하게는 복잡한 것이 맞다. 바로크를 정리하면 감성적이고 빛이 흩어지면서 이로 인해 장엄하고 화려함을 연출했다고 할 수 있다. 이러한 행위가 인간 내면을 자극하며 대부분의 교회 건물에 적용되었다. 르네상스 건축물은 콤팩트하고 표현이 단순한 반면 바로크 건축물은 각 방향, 부위, 표현 등이 다양하다.

르네상스와 바로크의 성당 내부 이미지에서 나타난 차별화된 특징은 바로 선(線)이다. 르네상스는 대체적으로 직선적인 이미지가 많은 반면 바로크는 곡선이 상당히 많이 등장해서 혼란스럽게 보이는데 이는 역동적인 이미지를 나타내려는 의도로 볼 수 있다.

이후 등장한 것이 로코코이다. 로코코는 '조개 무늬 장식'이라는 의미다. 교역을 통하여 부를 축적한 상인들이 많아지면서 권력층이 아닌 중국이나 중동지역 등 다양한 세계를 경험한 상인들이 시대를 주도하게 되었다. 이들은 조개 무늬 장식 등 유럽에 희귀한 물건들을 가져오면서 그동안 덩어리로 표현된 장식을 정교한 장식으로 변화시켰다. 이들은 권력을 갖지 못하는 대신 화려하고 섬세한 장식으로 사치와 우아함을 표현하려 하였다. 그러나 귀족이나 왕족들은 이들을 퇴폐적이고 에로틱한 부류로 보는 경향이 있었다. 대체로 바로크 시대의 미술 작품은 뒷배경이 어둡고 자세가 바르며 다리가 노출되지 않고 각종 장신구도 착용하지 않은 고고한 귀부인을 표현하는 데 반해 로코코에 와서는 자유분방하고 많은 액세서리뿐 아니라 화려한 드레스에 발을 보여주는 모습 등을 통해 품위 없는 귀족의 모습을 표현하고 있다. 특히 자화상을 그리는 경우 왕이나 종교적인 고위 지도자 외에는 정면의 얼굴을 보이지 못하던 그 이전 시대에 비해 로코코 자화상의 경우 거의 정면 얼굴을 표현했는데 이는 당시 교만한 모습으로 여겨졌다.

성 미카엘 교회(St. Michael Kirche), 독일
최초의 르네상스 양식의 성당

아잠 성당(Asamkirche), 독일
후기 바로크 양식의 교회

그네(The Swing)
프랑스 로코코 미술 화가 장 오노레 프라고나르의 그림, 1767

　18세기 프랑스 로코코의 거장으로 불리는 장 오노레 프라고나르(Jean Honore Fragonard)의 「그네(The Swing)」라는 작품을 보면 그네 줄을 당겨주는 나이 든 남편이 있고 그네를 타는 여자 아래에는 젊은 남자가 있다. 이는 삼각관계를 나타내는 것으로 그림의 왼쪽 끝에는 큐피드 조각상이 이들을 보며 고민하는 모습이 담겨 있다. 과거에는 상상할 수 없던 이러한 퇴폐적인 메시지가 담긴 그림은 로코코 시기가 과거보다 훨씬 자유로웠음을 보여준다. 이렇게 상세하고 퇴폐적인 표현은 그 시대의 주도 세력이 변화하고 있음을 나타낸다. 건축에서도 로코코 건축물은 전체적인 형태보다는 장식적인 표현에 치중하고 있다. 건축물 자체를 하나의 조형물처럼 치장하였고 세부적인 디자인은 형식 없이 단순히 꾸미는 데 초점을 맞추고 있다. 하지만 과거의 예술가나 건축가는 이러한 표현들을 상스러운 것으로 치부했다.

이렇게 권력이 분산되고 사회가 점차 개인주의로 흐르자 지배층은 권력 누수에 대한 불안감을 느끼게 되었다. 그러나 과거와 같이 지배층이 강압적인 방법을 취하기에는 국가의 힘이 약해졌다. 그래서 지배층은 자신들의 권력을 고취시키기 위하여 과거의 것을 다시 호출하고자 했다. 예를 들면 로마나 그리스 시대의 충성심이 그것이다. 그래서 로마나 그리스 시대 당시의 배경이 담긴 그림이나 건축물을 사용하기 시작했는데 이것이 바로 신고전주의이다.

고대와 유사한 건축물을 재현하는 것을 통해 사람들에게 회자되는 것은 물론 이 건축물이 어떻게 등장하게 되었는지 등의 역사적인 배경

상수시 궁전(Sanssouci), 독일
프리드리히 2세의 여름 궁전으로 로코코 양식의 대표 건축물, 1747

을 언급하면서 국가관을 고취시키려 했던 것이다. 특히 프랑스에서 이러한 신고전주의 건축물이 유독 많이 등장한 점을 눈여겨보아야 한다. 즉 프랑스의 당시 상황은 권력자들이 무척 불안해 했다는 것을 알 수 있다. 지금에서야 이를 신고전주의라고 명하지만 사실은 최초의 파시즘 예술이라 볼 수 있다. 순수한 의도를 갖고 만든 것이 아니라 특정한 목적을 갖고 만들어진 것이기 때문이다. 파리에 있는 판테온은 1790년에 완성된 것이다. 이는 루이 16세의 마지막 시기로 1789년 프랑스 대혁명이 일어난 시기와 비교하면 당시 급박했던 상황을 짐작할 수 있다. 개선문 역시 나폴레옹 1세 집권 시기에 시작하여 그가 죽은 후에 완성된 것이다. 프랑스 대혁명 이후 프랑스 1대 대통령으로 승승장구하던 그도 신성로마제국의 황제를 꿈꾸면서 혁명의 순수한 의미를 잃어버리고 권력의 욕구를 품었다는 것은 이 개선문을 통해 추측할 수 있다. 이렇듯 신고전주의의 등장은 사회적 불안이 팽배했던 당시의 시대 상황을 반영한 것이다.

수직적인 신분 관계가 주를 이루었던 봉건제도는 부르주아들의 사회 진출과 농노들의 해방으로 급기야 수평적 신분 관계를 요구하는 새로운 공화국의 시대를 불러왔다. 이러한 일련의 권력 이동은 엄격하게 따져 본다면 암흑시대였던 기독교 시대가 막을 내리고 인본주의 르네상스 시대가 도래하면서 인문학의 발달로 사람들이 깨어나기 시작한 것이다. 음식처럼 지식도 배급받던 시대에 구텐베르크의 인쇄술은 사람들을 깨우쳤으며 산업혁명에 의한 경제적 자유는 정신의 자유까지 불러왔다.

건축물과
건축

인간의 소망이 담긴 집합체

"건축물에는 건축이 없다." 미국에서 활동한 건축가 루이스 칸(Louis Kahn)의 이 말은 선뜻 이해하기 힘든 부분이 있다. 건축물과 건축은 어떻게 다른가? 대부분의 사람들은 이 두 개를 동일하게 생각하는 경우가 많다. 건축물은 결과이다. 결과가 나타나기 위해서는 과정이 필요하다. 이 과정이 건축이다. 그런데 왜 루이스 칸은 건축물에는 건축이 없다고 했을까?

하나의 건축물을 평가하기 위해서는 건축물의 탄생 과정을 알아야 한다. 그렇지 않으면 지극히 개인적인 평가에 머물 수밖에 없기 때문이다. 건축가가 건축물을 설계할 때 고려하는 요소는 아주 다양하다. 그래서 단순히 건축물만으로 건축을 평가하는 것은 옳지 않다. 우리가 건축물에서 얻고자 하는 것은 무엇인가? 우리에게 건축물이 필요했던 초기 목적은 자연환경과 맹수로부터의 보호였다. 그러나 건축술이 발달하면서 인간은 그 이상의 소망을 건축물에 담을 수 있음을 알게 되었고, 건축가에게 이를 충족시켜주는 능력이 있음을 알게 되었다. 즉 건축물은 건축주의 소망을 건축가가 담아주는 집합체이다. 하지만 모든 형태를 건축물이라 부르지는 않는다. 건축물은 사람을 위한 공간을 담고 있어야 한다.

아리스토텔레스는 "무엇인가 담을 수 있는 것이 공간이다"라고 정의했다. 그러나 공간이 있다고 모든 것이 건축물은 아니다. 공간을 형성하기 위해서는 바닥, 벽 그리고 지붕이 필요하다. 이를 한 단어로 엔벨롭(Envelope)이라 한다. 엔벨롭이란 봉투 또는 싸개를 뜻한다. 즉 바닥, 벽 그리고 지붕으로 밀폐된 내부 공간을 만들어야 하는 것이다. 다큐멘터리나 책을 통해 '자연의 건축물' 또는 '동물들의 건축물'이라고 하는 제목을 쉽게 볼 수 있는데 이는 잘못된 표현이다. '자연의 집' 또는 '동물들의 집'이라고 표현해야 한다. 건축물은 인간을 위한 공간에만 쓰이는 것이며 인간의 공간은 엔벨롭이 갖추어져야 하기 때문이다. 이 정의가 왜 중요한지 반문할 수도 있겠지만 인간의 건축물은 동물들의 집이 가진 상징성과는 많이 다르고 그 기능 또한 매우 다양하다. 동물들의 집은 단순히 특정한 기능만을 요구하지만 인간의 건축물은 그 기능이 역사와 함께 더해져 복잡한 성격을 갖고 있다. 그래서 인간에게 건축물이 왜 필요한가에 대한 정의를 내리는 것이 쉽지 않은 일이다. 초기의 목적인 보호라는 개념은 이미 오래전에 해결되었고 현재는 그 이상의 것이 요구되고 있다.

건축물은 필요에 의하여 시작되었지만 인간의 발달과 함께 그리고 인간의 역사와 함께 변화하기 시작했다. 인간의 삶의 형태가 다양해지면서 이에 따라 변화하기 시작한 것이다. 이는 곧 건축 공간의 기능 변화를 의미한다. 사회가 복잡해지면서 공간도 복잡해졌다. 공간의 초기목적은 의외로 단순했다. 이 시기에는 내부와 외부 구분이 우선이었다. 밖에서 해야 할 일과 안에서 해야 할 일이 구분되어 있었다. 그러나 기술이 발달하고 일이 세분화되면서 점차 작업에 따른 장소의 구분이 명확해지지 않게 되었다. 산업혁명 이전에 건축가들은 권력자들의 요구에 부응해야 했고, 이것이 건축물의 발달을 가져온 가장 큰 요인으로 작용했다. 그러나 산업혁명이 시작되면서 과거에 없었던 새로운 건축물이 등장하기 시작했다. 제품을 보관하기 위한 창고가 세워졌으며 백화점, 박람회장, 무역회사, 시청 등 용도에 맞는 새로운 건축 공간이 생겨났다.

다양한 공간을 위한 건축물은 과거의 목조나 석조로 만들기에는 여러 가지 면에서 단점이 있었기에 새로운 건축 기술을 요구하게 되었고 이러한 요구사항들이 근대의 속성이 된 것이다. 철골 구조와 콘크리트, 그리고 유리가 건축 재료로 등장하고 분산된 산업의 형태가 집중적인 형태로 바뀌면서 고층 건축물을 필요로 하게 되었다. 이 시기만해도 자연과 인간보다는 새로운 시기에 대한 집중과 기술 개발에 전력을 다했다. 풍족한 생산물에 대한 만족도와 빠르게 돌아가는 기계가주 관심사였다. 식민지 개발과 원료 확보라는 경쟁에서 인류는 풍족해지는 대신 지구는 망가져가고 있었다. 근대는 과거 그 어느 때보다 빠르게 변화하는 격동의 시대였다. 인간이 갖고자 하는 것을 어떻게든 얻어냈던, 인간이 가장 이기적인 면모를 드러냈던 시대였다.

어느 정도 가질 수 있는 것을 손에 쥔 선진국들은 늦게나마 무엇이 지구를 위한 것인지 깨닫기 시작했지만 아직 산업혁명에 진입하지 않은 국가가 존재하는 만큼 환경 파괴는 앞으로도 계속 진행될 것이다. 지금 전 세계는 환경 문제를 앓고 있다. 환경 문제는 기본적인 삶이 어느 수준에 도달한 후 겪게 되는 경향이 있기 때문에 개발도상국들은 아직 이 문제를 진지하게 받아들이지 않고 있다. 이 문제 가운데 건축이 있다.

인간은 수없이 많은 생물을 지구상에서 사라지게 하여 먹이사슬에 변화를 주었으며 인간의 발자취가 다다르는 장소는 자연이 파괴되고 있다. 건축은 인간의 필요에 의해서 시작되었지만 인간이 존재하는 한 건축의 끝은 없다. 인간은 충분한 건축물을 보유하고 있으나 아직도 만족하지 못하고 자연으로부터 더 많은 건축물과 건축물을 위한 터를 요구하고 있다. 다른 산업들은 발전을 거듭하는 가운데 사라지는 것이 있고 새로운 것이 등장하는 등 변화를 꾀하고 있지만 건축물은 대지 위에 지어야 한다는 한계로 인해 인구의 증가와 더불어 더 많은 대지를 요구하고 있는 상황이다.

건축의 시작은 자연에 대한 재앙이었다. 우리는 충분한 건축 재료와 공간을 갖고 있다. 과거에는 설비가 발달하지 못하여 내부 공간의 온도를 맞추는 데 어려움이 있어 난로를 사용하거나 온돌로 안락한 내부 온도를 유지하려 노력하였다. 이 과정에서 많은 나무가 희생되었다. 석유의 발달로 나무를 사용할 때보다는 더 좋은 환경을 갖게 되었지만 인간의 환경 발달과 자연의 유지는 반비례하는 경향이 있다. 자연은 필요 이상의 것을 취하지 않지만 인간의 소유하고자 하는 욕망은 끝을 모른다. 이러한 문제의 한가운데 늘 건축이 자리하고 있다. 본격적인 건축은 주거 문제보다 권위나 신앙적인 상징에서 비롯되었다. 공간을 나타내기보다는 외부적인 메시지를 담아 마치 하나의 상징물로 등장시킨 것이다. 이 시기만 해도 내부 공간은 외부로부터의 보호 기능이 주를 이루었다. 그러나 아직 사람들의 시선은 외부를 향하고 있다. 내부의 완벽한 분리를 향한 기술의 발달은 시선을 내부로 돌리면서 자연을 잊어가고 점차 인간 스스로 망가지고 있다.

필립 존슨이 왜 4면이 유리로 된 주택을 지었는지 생각해 보아야 한다. 그는 우리가 특정한 공간에 있는 것이 아니라 자연 속에 있다는 메시지를 던진 것이다. 건축물의 욕구는 제2의 피부에 대한 소망에서 시작되었다. 벽은 우리에게 제2의 피부이다. 근대 이전에는 건축 재료가 다양하지 못해 벽의 구성 또한 석재와 목조가 대부분이었다. 이 시기의 벽은 상당히 두꺼워 내부와 외부의 구분이 지금보다 더 강렬했다. 고딕의 역할이 역사에서 눈길을 끌었던 이유 중 하나는 바로 벽 두께의 변화이다. 고딕 이전까지의 건축물들은 벽이 아주 두꺼웠다. 그러나 이는 높이 올라가는 구조물을 짓기에는 무리였다. 그래서 고딕 시대의 건축가들은 무게를 줄이기 위하여 벽의 두께를 줄이기 시작했다. 이로 인해 창문의 기능을 찾았고 고딕에서 처음으로 창문에 색유리라는 새로운 기능을 부여하게 된 것이다.

　벽이 두껍다는 것은 내부와 외부에 경계가 명확하다는 의미도 있지만 이로 인해 건축물의 많은 부분이 기능을 잃었다는 의미이기도 하다. 즉 우리가 외부와 내부를 갈라놓을수록 오히려 잃는 것이 더 많다는 것이다. 건축은 인간이 내부로 들어가면서 시작되었으며 이는 자연과 멀어진다는 의미와 같다. 하지만 자연은 아직도 그곳에 있음을 잊어서는 안 된다.

필립 존슨의 글래스 하우스(Glass House), 미국
모던 건축의 대표적인 건물, 1949

문제 해결을 위한 도전

많은 사람들은 건축물을 형태만 관찰하고 판단하는 경우가 많다. 우리는 좋은 건축물과 그렇지 않은 건축물에 대하여 생각해 보아야 한다. 좋은 건축물의 기준은 무엇인가? 어쩌면 보기에 좋은 형태를 말할수도 있다. 그래서 사람들은 형태에 더 의미를 부여하는지도 모른다. 그리고 건축가들은 이 기준을 만족시키려고 형태에 더 많은 노력을 한다. 그렇다면 디자인의 의미는 무엇인가?

디자인은 여러 가지로 정의할 수 있다. 그러나 가장 기본적으로 기능과 미(美)를 합한 것이라 정의해 본다. 기능을 앞에 둔 이유는 미보다 먼저 신경 써야한다는 뜻이다. 우리가 건축물을 필요로 하는 궁극적인 이유는 바로 건축물의 기능이다. 건축물은 자연으로부터 인간을 보호해야 하며 안락한 내부 공간을 제공해야 하고, 구조적으로 안정적이어야 하며 그 자리에서 해야 하는 작업을 잘 수행할 수 있어야 한다. 이러한 기능을 만족시키려면 기술이 있어야 한다. 건축물을 지을때 제일 먼저 시작하는 작업이 건축 설계이다. 그리고 시공을 하는 것이다. 그러나 건축 설계가 마무리되었다고 바로 시공을 할 수 있는 것은 아니다. 시공을 하기 전 구조 등 다른 분야에서 설계 검토를 한다. 이 과정이 통과되었어도 바로 시공에 착수할 수 있는 것은 아니다. 시공을 하기 전 도면 검토를 하고 문제가 있으면 도면을 수정해야 한다. 이 과정에 속한 기술자들 모두 각 분야에 전문적인 기술을 갖추어야 한다.

디자인은 기능과 미를 합친 것이라고 하였다. 이를 퍼센트로 나누어 본다면 기능이 95%이고 미는 5% 정도이다. 그러나 많은 사람들은 단 5%만으로 건축물을 평가하기도 한다. 100% 완벽한 건축물이 있을까? 이 100%는 어떤 의미인가? 이것이 바로 건강한 건축물이다. 다양한 형태(미)는 다양한 기술(기능)을 요한다.

다시 말해 디자인은 문제를 해결하는 것이다. 즉 문제를 갖고 있으면 안 된다는 것이다. 문제가 있는 건축물은 건강한 건축물이 될 수 없다. 왜 우리에게 건강한 건축물이 필요한가? 건강한 건축물에서 거주해야 건강할 수 있기 때문이다. 문제 해결은 기능에 가깝다. 과거에는 형태주의(기능은 형태를 따른다)와 기능주의(형태는 기능을 따른다)라는 두 개의 논리가 있었으나 지금은 이 두 가지 모두 필요하다. 건축에서 형태나 구조는 의도적으로 만들어지는 것이 아니라 문제를 먼저 생각하고 이를 해결하는 방향으로 작업을 하다 보면 자연스럽게 만들어진다. 그런데 아마추어 건축가들은 먼저 형태를 만들고, 심지어는 설계 초기에 구조조차 생각하지 않고 작업하는 경우가 있다. 여기서 건축물을 설계하기 위한 초기 문제는 건축주에게서 발생한다. 건축주의 비용 문제, 취향 그리고 원하는 규모가 설계자의 작업 방향을 설정한다. 이것이 첫 번째 문제 해결의 시작이다. 모든 건축물은 이러한 문제를 먼저 해결하고 출발하는 것이 제일 중요하다. 이것이 우리가 건축물이 필요한 첫 번째 이유이다. 그리고 법규, 환경 등 우리가 반드시 따라야 하고 변경이 불가능한 것을 검토하고 이를 반영해야 한다. 이러한 절차를 밟지 않고 작업한다면 우리에게 건축물이 필요할 이유가 없다.

건축가 없는 건축물이라는 말이 있다. 이러한 문제 해결을 위한 시도를 하지 않고 단지 건축물을 짓는 데 함몰되어 작업한 건축물이라면 그것은 건축가 없는 건축물이라 할 수 있다. 우리 주변에 건축물은 아주 많다. 그러나 나라마다 차이가 있고 지역적인 차이도 있으며 건축가에 따라 또 다르게 나타난다. 이 차이는 바로 다양한 문제 해결을 위한 고민에서 시작했기 때문이다. 일 년 내내 더운 지방과 추운 지방은 건축물의 차이가 분명하다. 더운 지방은 외부보다 내부가 더 시원해야 하는 조건을 만족시켜야 하며 추운 지방은 그 반대이다. 그래서 더운 지방을 가보면 건축물 개구부가 루버(Louver)로 되어 있는 경우가 많고 추운 지방은 벽 두께를 두껍게 하여 단열 효과를 주기도 한다. 그러나 사계절이 있는 지역은 모든 계절에 적응하는 건축물이 있어야 하므로 다양한 기능을 건축물에 적용한다. 그런 점에서 온돌은 좋은 예이다. 추위를 막기 위해 공간 안을 대지보다 낮게 파서 공기가 위로 흐르도록 한 방법이 발전을 거듭해 온돌이 되었다. 그러나 온돌은 고대 로마 건축에서나 찾아볼 수 있을 뿐 대부분의 지역은 온돌을 발전시키지 못하고 입식 생활, 즉 침대를 사용하는 것으로 변화하였다. 세계에서 유일하게 한국만이 온돌을 발전시키면서 사계절에 적응하는 공간을 지금까지 이어올 수 있었다.

루버(Louver)
폭이 좁은 판을 비스듬히 일정 간격을 두고 수평으로 배열한 것

한옥의 온돌
아궁이에 불을 때면 열기가 방바닥 아래의 빈 공간을 지나면서 구들장을 덥히는 방식

시작의 장소, 주택

건축물의 가장 기본적인 요소는 주택이다. 주택의 의미는 다른 건축물과 많이 다르다. 주택은 인간의 필요성에 의해 탄생한 첫 건축물이었기에 우리 존재의 시작 영역이며 가장 작은 사회의 모습이다. 또한 기억의 출발점이며 가족이라는 우주의 근원이 시작되는 장소이다. 그래서 물리적 규모는 작지만 가장 어렵고 큰 의미의 건축물이 바로 주택이라 할 수 있다.

일반적으로 건축물 내부에는 개인 공간, 공공 공간 그리고 준 개인(공용) 공간이 존재한다. 주택은 이러한 공간의 성격이 가장 명확해야 한다. 그래서 주택이 건축물 중에 설계가 가장 어렵다. 이러한 공간의 성격이 명확하게 구분되어 있지 않은 주택은 많이 불편하다. 이는 가족의 성격과 유사하다. 대인관계에서 가장 가까운 것이 가족이지만 가장 예의를 지켜야 하는 것도 가족이다. 이러한 관계를 유지하기 위하여 주택은 작은 영역에 비하여 많은 기능을 요구한다.

주택은 주부에게 안락한 작업 공간을 제공해 주어야 하고 바깥일을 하고 돌아온 사람에게는 휴식 공간을 제공해 주어야 하며 가족이라는 자연스러운 관계를 유지해 주고 프라이버시를 지켜줄 수 있어야 한다. 주택 외에 건축물은 주택이 갖고 있는 기능의 일부를 확대해 놓은 것이다. 산업용 건축물은 주택에서 산업 영역인 부엌이 강조되었으며 작업용 건축물은 주택에서 작업 영역인 작업실이나 차고가 더 강조된 것이고, 판매를 위한 건축물은 주택에서 현관이 부각된 것이며 사무용 건축물은 책상이 있는 부분을 확대한 것이다.

　현대에 와서 주택은 더 좋은 환경을 갖기 위하여 환기, 빛 그리고 동선에 신경을 쓰고 있는데 이는 모든 건축물에 영향을 주고 있다. 그러나 건축에서 가장 중요시되는 부분은 역시 가족의 미팅 포인트이다. 이는 행복의 근원이며 정체성의 시작이다. 이렇게 주택의 요구 사항이 모든 건축물에도 적용된다면 우리는 어느 건축물에서나 안정감을 가질 수 있을 것이다.

03

공간에
무엇을 담을 것인가?

공간을 경험하는 방법

아리스토텔레스는 공간을 "무엇인가 담는 곳"이라고 정의했다. 여기서
'무엇인가'라는 단어가 내포하는 의미는 다양하겠지만 인간을 위한 공간
은 육체적으로 정신적으로 그리고 심리적으로 좋은 기능을 해야 한다.

　공간을 경험하는 방법은 육체적, 감성적 그리고 지성적으로 나눌 수
있다. 이 3가지를 만족시켜야 훌륭한 공간이다. 많은 사람들은 건축물
을 평가할 때 외적인 형태를 보고 판단하는 경우가 많은데 진정한 건
축물은 어떤 공간을 갖추고 있는가에 달려 있다. 그래서 건축물을 평
가할 때 그 건축물을 경험하지 않고 판단하는 것은 금물이다. 이는 어
떤 사람을 판단하려면 그 사람을 잘 알아야 하는 것과 동일하다. 이에
공간을 구성하는 요소들에 대해 알아보기로 한다.

우리가 건축물을 볼 때 주로 보게 되는 부분은 벽이다. 바닥은 숨겨져 있어서 보기 힘들고 지붕도 높은 곳에 위치하여 보기 힘들지만 때로는 다 보여주는 건축물도 있다. 공간을 형성하는 것이 바로 이 3가지, 벽과 바닥, 그리고 지붕이다. 건축가들은 기능을 기준으로 디자인의 차이를 보이며 작업하지만 이 3가지는 어느 건축가에게나 동일한 작업 요소이다. 이를 어떻게 표현하는가에 따라 건축물은 차이 나는 디자인을 갖게 된다. 바닥, 벽 그리고 지붕을 통칭하는 엔벨롭(Envelope)은 수직과 수평 형태를 기본으로 하지만 때로 사각형뿐 아니라 곡면이나 삼각형의 형태도 있다. 그러나 선택의 기준에 있어서 우선적으로 고려해야 하는 것은 기능과 안락함이다. 이를 유지한다면 형태의 선택은 자유로울 수 있다. 다양한 형태의 건축물이란 바로 이 기본적인 형태에서 벗어나는 것을 의미한다.

공간에서 바닥은 지면과 관계가 있다. 우선적인 문제는 지열과의 관계를 해결하는 것이다. 공간의 가장 하부에 있는 것으로 공간을 연결하는 동선에 영향을 주는 요소이다. 이 외에도 공간 구성에 있어서 바닥의 형태는 우선적으로 고려해야 하는 사항이다. 바닥의 레벨을 달리하면 시각적인 레벨도 달라져서 다양한 공간 연출이 가능하게 된다. 바닥은 지면(G.L., Ground Line)을 기준으로 4가지 타입으로 구분한다. G.L.보다 아래 있는 공간을 지하라고 부르며 그 위의 공간을 지상이라고 부른다. 공간의 벽이 하나라도 G.L.보다 아래에 있으면 지하로 취급한다. 바닥의 레벨을 낮춘다는 것은 곧 시각적인 차이를 다르게 하여 동일한 공간에서 다른 상상력을 갖게 하고 공간 지각력에 의한 새로운 분위기를 창조할 수 있다.

엔벨롭의 요소 중 가장 위에 있는 것은 지붕이다. 지붕은 일반적으로 우리의 시야보다 높기 때문에 바닥을 경험하고 벽을 바라보는 것보다 거리감이 있다. 지붕은 건축물에서 아주 중요한 기능을 하고 있고 하자도 가장 많이 일어나는 부분이기도 하다. 우리가 가장 적은 비용으로 외모를 바꾼다면 아마도 머리일 것이다. 아무리 깔끔한 복장을 하였다고 해도 머리가 지저분하면 지저분하게 보이고 남루한 옷을 입었어도 머리가 깔끔하면 깔끔하게 보인다. 건축물도 그렇다. 지붕을 어떻게 처리하는가에 따라서 건축물의 전체적인 형태가 달라 보일 수 있다. 그러나 많은 건축가들이 지붕에 대한 작업을 소홀히 할 때가 있다. 사람도 머리에 무엇을 쓰고 있는가에 따라 신분을 상징할 때가 있다. 건축물도 지붕의 형태를 어떻게 디자인하는 가에 따라 품위가 다르게 보일 수도 있다. 이렇게 지붕이 건축물에서 차지하는 비중이 높다.

인간을 위한 공간은 어떤 것인가? 자연에는 많은 생물체가 만들어 놓은 공간이 있다. 이 공간들은 다양한 형태를 유지하고 있지만 구조적으로 안정되어 보이지는 않는다. 맹금류에 가까운 생물들은 사실상 집을 짓는 경우가 많지 않다. 특히 알을 낳지 않고 새끼를 낳는 동물들은 집을 짓는 경우보다 이미 존재하는 구조물을 이용하는 경우가 대부분이다. 자연의 생물 중 인간처럼 다양하고 튼튼한 구조물을 만드는 경우는 없다. 이는 인간들이 복잡한 사회 구조를 갖고 있기도 하지만 정착하는 삶의 형태를 갖고 있기 때문이다.

선사시대 집의 형태는 이주 생활에 알맞은 간단한 구조였다. 선사시대의 집은 자연에서 쉽게 얻을 수 있는 재료이거나 자연에 있는 구조를 이용하여 만든 것으로 다른 생물과 크게 구조가 다르지 않았다, 그러나 지금의 건축물은 선사시대와 많이 다르다. 이에 반해 다른 생물체들은 과거와 주거 형태가 큰 차이를 보이지 않는다. 인간들의 주거는 같은 형태를 찾아보기 힘들 정도로 다양함을 보이고 있다. 물론 각 나라의 환경에 따라 차이를 보이고 그 나라의 기후나 생활 습관 특성에 맞게 발달하였지만 세부적으로는 다양함을 나타내고 있다. 이렇게 다양한 형태가 만들어지는 원인에는 정착하는 거주 형태가 원인일 수도 있으나 가장 큰 이유는 바로 다양한 심리 작용 때문으로 추측한다. 모든 사람이 동일한 공간에서 동일한 만족을 느끼지 않는다. 여기에는 각자의 삶의 조건과 경제 상황 그리고 취향도 중요한 원인이 되기도 하지만 건축의 차이에 생물학적인 요소가 가장 큰 요인으로 다른 생물과의 차이를 보이고 있다. 다른 생물들은 종족 보존과 번식이라는 단순한 본능에 의존하지만 인간은 그 이상의 욕구를 충족하기를 원한다. 이러한 욕구가 건축물에 대한 공간의 변화에 큰 영향을 미치고 있다.

건축물에서 침실의 등장은 혁신이었다. 과거에는 공동체 생활이 일반적이었다. 공간의 시작은 공용 공간이 먼저였던 것이다. 그러나 인구가 급증하고 사회가 세분화되어 가족 단위로 공동체가 나뉘면서 집단생활에 변화가 찾아왔다. 여기에 발전을 거듭하면서 가족 단위에도 준 개인(또는 공용) 공간이 등장했다. 의식주의 변화는 삶의 변화를 가져 왔고 내 삶에 대한 욕구가 공간을 변화시켰다. 이 변화는 언제든

프라이버시가 제공되어야 한다는 것이다. 서양에서 침실은 단지 잠을 청하는 장소 이상의 것을 요구하게 만들었고 이것이 다양한 공간의 필요성에 시발점이 되었다.

주방의 등장도 기능적인 부분보다 사회적인 역할의 결과이다. 산업혁명과 시민혁명으로 삶의 형태와 신분 체계가 수평적으로 바뀌면서 사람들의 생활 형태도 변화하게 되었는데 이 중의 하나가 부엌이다. 독일은 현대화와 함께 요리에 대한 여성의 노동을 줄이고 동선을 효율적으로 하기 위해 기차에서 사용되는 음식의 운반 수단을 부엌으로 끌어들였는데 이것이 바로 그 유명한 '프랑크푸르트 부엌'이자 현대 부엌의 모티브이다. 독일에서는 프랑크푸르트 부엌을 여성의 사회적 지위를 높이는 출발점으로 삼았다. 건축가 르 코르뷔지에는 여성이 즐겁게 일하고 좋아하는 공간 구조가 곧 가족 모두의 행복이며 이곳에서 여성이 행복을 느낄 때 그것이 곧 건축가의 기쁨이라고 표현하기도 했다.

침실과 주방이 그러하듯 거실 또한 집의 공간에서 중요한 영역이다. 서양에서 거실은 동양의 안방과 같은 역할로 구성원들 간의 대화와 안부를 확인하는 미팅 장소이다. 미국 건축가 라이트는 주거를 설계할 때 거실의 중요성을 강조하였고 주택 동선의 마지막 장소(지점)로 삼았으며 이곳에 벽난로를 포인트로 두기를 바랐다. 거실이 공동체적인 기능이 있었다면 주방은 구성원들의 가장 편안한 장소가 되었으며 이곳을 곧 모든 공간을 연결하는 플랫폼으로 삼았다.

프랑크푸르트 부엌(Frankfurt Kitchen), 독일

　과거에는 건축가가 건축 설계뿐 아니라 가구 디자인 등 모든 내부 환경까지 모두 설계하였다. 그래서 최초의 건축 학교인 독일의 바우하우스는 하나의 건축물을 완성하기 위하여 가구 제작, 가구 배치, 벽의 색, 미술, 심지어 전등의 수까지 모든 것을 교육하였다. 이렇게 공간을 꾸미는 작업은 단지 미적인 영역을 위한 것만은 아니다. 모든 공간은 신체적 그리고 정서적으로 편안한 느낌을 담아야 한다. 카페, 테라스, 미용실 소파, 기차역 등 어느 공간에서든 동일한 편안함이 있기를 바란다. 그렇다면 그 편안함의 기준은 어느 공간일까? 그것은 바로 집에서 느끼는 편안함과 같은 것이다. 왜냐하면 집이 공간의 고향이기 때

문이다. 집이라는 의미는 단지 공간만을 말하는 것은 아니다. 집이 곧 가족이기 때문이다. 홈(Home)은 공간을 말하고 스위트 홈(Sweet Home)은 가족을 말한다. 어느 공간이든 이렇게 스위트 홈과 같은 정서를 담고 있어야 한다. 가족이 바로 엔벨롭이며 이러한 편안함이 공간 안에 담겨 있어야 한다.

기억을 담는 건축

건축은 언어를 형태로 바꾸어 장소를 만들고 이를 이미지로 번역하는 작업을 한다. 버클리대학교의 건축과 돈린 린든(Donlyn Lyndon) 교수는 『건축과 조경 안의 기억』이라는 저서에서 "장소는 내가 기억할 수 있는 공간, 우리가 상상할 수 있는 공간, 마음속의 공간을 의미한다"고 설명했다. 즉 내가 기억할 수 없으면 그것은 장소로서의 역할을 하지 못한다는 것이다. 기억은 무엇인가를 떠올리는 것이며 연상은 그 떠올린 것에 중첩시키는 것이다. 성인이 되어 과거에 다니던 초등학교를 방문하면 그 규모가 기억보다 작음에 놀라는 경험을 한 사람들이 많다. 이는 기억과 현실의 차이(연상)에서 오는 격차 때문이다. 우리는 기억을 과거의 차원으로 이해하고 있지만 사실은 현재와 미래에 강하게 연결되어 있다. 그래서 기억은 시간과 연결된 4차원이다. 현재와 부딪히지 않으면 기억은 작용하지 않는다.

린든은 "좋은 장소는 잘 기억되며 그것을 유지하도록 도와준다"라고 말했다. 즉 기억하려고 노력해야 한다면 그것은 진정한 장소가 아니다. 이것이 건축가가 고려해야 할 사회이다. 각 장소를 의식적으로 기억에 남는 작품으로 만들지 말고 기억이 장소에 참여하게 만들어야 한다. 기억에 반하는 행위나 강제적인 기억 만들기는 독재적이고 제국주의적인 시대에는 많이 일어났다. 이를 우리는 세뇌라고 말한다. 그래서 프로이트는 1930년에 발간한 에세이 『문화의 불행』에서 거주지가 부각되지 않고 지배자의 공간이 주를 이루는 로마의 공간과 건축의 부조리를 지적하며 결과적으로 로마제국의 멸망이라는 역사가 왔다고 꼬집었다.

우리나라에도 서초동 법원 종합 청사 같은 건축물이 바벨탑처럼 강제적인 기억으로 작용하며 도시의 권위적인 역할을 담당하고 있다. 이러한 건축물이 도처에 자리 잡으면 도시에 대한 기억 공간의 문화적 역할이 약해지면서 결과적으로 기억 속에서 공간은 실종으로 이어져 기억의 네트워크 축이 무너지고 잘못된 정체성이 사회에 만연해져 행복 지수가 낮아지는 현상으로 나타난다. 기억은 과거를 현재로 번역하는 시간 축을 통해 공간의 차원을 행복의 차원으로 바꾸려고 한다. 그렇지 않으면 역으로 행동하기 때문이다.

라스베이거스에 위치한 베네시안 호텔(Venetian Resort Hotel & Casino), 미국

기억을 표현한 건축물들이 있다. 라스베이거스에는 베니스의 모습을 형상화한 호텔이 있다. 이 호텔이 베니스를 내부에 만든 이유는 외부에서 보이는 풍경이 오히려 진짜 베니스에 대한 부정적 기억으로 각용할 수 있다고 생각했기 때문이다. 기억과 관련하여 등장하는 것이 바로 스키마(Schema) 이론이다. 이것은 우리가 갖고 있는 기억 네트워크인데 공간의 연결 구조와 흡사하다. 미국의 건축가 라이트는 미국인의 기억을 형상화하기 위하여 주택 설계 시 벽난로를 만들었다. 이는 개척시대에 미국 가족이 마지막 밤을 보낸 기억을 되살린 것이다. 사실 기억은 개인의 것보다 우리가 속한 그룹의 집합적 기억이 더 많다. 그래서 이를 공유하려 노력한 것이다.

다니엘 리베스킨트(Daniel Libeskind)라는 건축가의 작품을 통해서도 기억이 공간에 영향을 미치고 있음을 알 수 있다. 그는 원래 훌륭한 음악가였는데 후에 건축가가 되었다. 모두가 건축물은 수직과 수평 구조라는 것을 기억하는데 그의 다른 기억은 차별화된 작품을 만들었다. 그의 기억은 음악의 소리처럼 모든 것이 떠다니는 '부유'라는 개념으로 무중력을 연상한 것이다. 그래서 그는 소리가 떠다니는 무중력 상태를 표현하기 위하여 건축물을 대각선으로 표현했다.

이렇게 개인의 기억이 특정 사회나 문화 집단의 공동 스키마로 연관성을 갖게 되면 우리는 그의 기억에 동참하게 되고 지지자가 된다. 진정한 건축은 어떤 것인가 생각해 보자. 기억은 쉽게 변하지 않는다. 주의, 일정한 틀의 작용, 통합, 검색 그리고 편집과 같은 다섯 가지 작용을 모두 거치지 않고서는 기억은 변화하기 어렵다. 그래서 우리는 가치관을 쉽게 바꾸지 못하는 것이다. 사실 우리가 형태나 이미지를 보지만 이는 기억의 작용에서 모두 기억 언어로 바뀐다. 그래서 풍부한 어휘력을 갖고 있지 않으면 상상력이 부족하고 이를 기억하는 데 어려움을 겪게 된다. 이를 기억력의 부족이라고 말한다. 상상력이 풍부하다는 것은 스키마의 가지가 다양하게 뻗어 있다는 것으로 사회는 다음 세대가 좋은 기억을 갖도록 도와야 한다.

좋은 환경은 장소로 기억되지만 역으로 획일화된 환경은 부정확한 기억을 갖게 한다. 그래서 건축가는 인문학을 공부해야 한다. 좋은 기억을 만들고 장소의 중요성을 알기 위하여 다양한 역사적, 사회적, 그리고 정치적 견해를 갖고 장소의 흔적을 읽을 수 있어야 하며 건축에 타당한 미학적 지식이 있어야 한다. 건축가도 흔적에 관한 자신만의 기억이 있기 때문에 디자인에 의미를 부여할 수 있는 능력과 자유가 있어야 한다. 건축물이 개인뿐 아니라 사회적 양면성을 자극하는 기억으로 인식될 수 있도록 작업될 때 그것이 진정한 건축이다. 여기서 진정한 건축가는 설계를 하는 사람만을 의미하는 것이 아니라 건축물이 우리 사회에서 어떤 좋은 영향을 미치는가를 고려하여 인간을 위한 설계를 하는 사람을 말한다.

다니엘 리베스킨트의 왕립 온타리오 미술관(Royal Ontario Museum), 캐나다

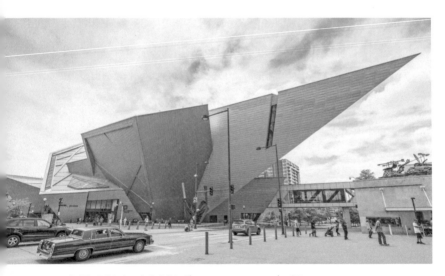

다니엘 리베스킨트의 덴버미술관(Denver Art Museum), 미국

04

건축가의
등장

건축을 위한 전문가

산업혁명 이후 대량 생산 시대에 돌입하면서 공장, 창고, 백화점 등 과거에 없었던 새로운 건축물에 대한 수요가 나타났다. 이 건축물들은 건축주의 의견에 의존하기보다는 기능적인 면에 더욱 초점을 맞추었다. 특히 만국박람회(세계 여러 나라가 참가하여 각국의 생산품을 합동으로 전시하는 국제 박람회)를 위한 대형 건축물은 생산과 소비에 직접적으로 연결되는 자본주의의 산물이었다. 만국박람회는 건축가의 기량을 마음껏 발휘할 수 있는 좋은 기회이자 건축가의 입지가 중요시되는 계기가 되었다.

이렇게 구조가 다양한 건축물이 나타나고 건축가 양성에 대한 필요성을 절감하면서 19세기 중반에 들어 공업학교와 공과대학이 등장하게 되었다. 사실 건축가 양성의 필요성은 이전부터 제기되어 왔지만 여전히 건축 양식이라는 개념이 분명하지 않았고 대부분이 과거의 디자인을 답습하고 있었다. 하지만 대성한 건축가들의 프라이드라기보다는 건축주의 요구에 의한 형태였으며 자본주의에서 나타난 형태들은 과거 장식 위주의 획일적인 형태와는 달랐다. 예를 들어 프랑스의 보자르 건축 학교에서 가르치는 건축 형태는 대부분이 석재로 만들어진 신고딕이나 로마네스크 양식이었으나 박람회장 같은 대형 건축물을 석재로 만들기에는 시간과 재료의 한계가 있었다. 이러한 대형 건축물에는 아치 외에는 과거부터 이어 온 건축 방법을 적용하기 어려웠다. 즉 변화된 시대의 요구 사항을 만족할 만한 건축물을 만들어 내는 데 한계를 느꼈던 것이다.

과거에는 특수 계층을 위한 건축물이 주를 이루었으나 시민혁명 이후 일반인들의 권리는 건축에서도 요구되었다. 산업혁명의 영향으로 도시로 집중되는 인구를 수용하기 위한 주거 대책 또한 필요했다. 그러나 산업혁명 이전 건축물에는 주거를 위한 건축 양식이 아주 미비했다. 이로 인해 1890년대에 진보주의자들은 주거 해결을 위한 근대 건축의 독자적인 양식이 있어야 한다는 주장을 제기했다. 이는 새로운 근대 양식에 대한 필요성을 나타내는 것이기도 했지만 그 내면에는 건축가들의 사회적 지위를 상승시키기 위함도 있었다. 그러나 루소의 자연주의가 성행하면서 기득권에 대한 반발심도 있었지만 그로 인하여 건축가들의 입지도 좁아졌다. 왜냐하면 루소는 속박과 규제에서 벗어나 자연으로 돌아가자고 외치면서 과거 권력의 상징이었던 건축도 이에 포함하여 "건축은 일종의 강력한 강박관념이다"라고 표현하였기 때문이다. 이들의 주장에도 불구하고 사회의 변화와 함께 건축은 모든 분야가 요구하는 새로운 건축물을 제시해야 했다.

이러한 사회 변화 속에서 건축가의 사회적 지위에 대한 명확한 입지가 필요함을 깨닫고 1923년 6월 23일, 이탈리아에서 건축가도 법적으로 보호받을 수 있는 전문직으로 인정하는 법안이 통과되었다. 건축가가 전문 집단으로서 최초로 인정받게 된 사건이다. 이로 인하여 건축의 활동 범위가 정해졌다. 이것이 지금까지 이어지면서 건축의 범위는 점차 넓어져 본격적으로 대학에서 전문 교육이 이루어지게 된 것이다. 오랜 역사 속에서 건축이 인간과 함께 발전해 왔지만 건축의 중요함을 깨닫지 못하고 있었다. 건축이 우리 사회에서 중요한 요소임을 알게 되면서 건축이 우리의 삶에 지대한 영향을 미친다는 사실을 인정하게 된 것이다. 건축이 우리에게 왜 필요한가? 건축은 우리의 의식주 중 하나이기 때문이다.

기술자와 전문가 사이의 유혹

성숙한 전문가는 자신의 작업에 대한 책임감을 갖고 있다. 성숙한 건축가일수록 건축물이 단순히 물질적인 유산이 아니라 도시의 한 부분이며 더 나아가 도시민의 정신적인 영역도 담당한다는 것을 알고 있다. 그래서 건축이 인간에게 어떤 역할을 할 것인가에 대해 더욱더 심사숙고하여 갈고 닦아 표현하는 것이다. 의식 있는 전문가와 알려진 전문가일수록 자신의 작품이 그와 같은 작품을 하는 사람들과 후배에게 어떤 영향을 미칠 것인지 또 한번 생각하게 된다

신축물은 준공 후부터 평가를 받게 된다. 그래서 준공 전 설계 초기부터 이를 검토하고 분석하여 책임감 있는 작업을 해야 한다. 정치나 경제 그리고 시민의 삶은 다른 영향에 의하여 후퇴할 수 있지만 예술이나 그에 담긴 정신은 결코 후퇴하지 않는다. 그래서 미래지향적인 메시지를 담고 있는 작품들은 살아남고 후손들에게 좋은 평가를 받게 되며 다음 단계로 향하는 도움을 준다. 그러나 그렇지 않은 것들은 사라지기 마련이다. 진보적인 교훈을 주지 못하는 것이 사라지지 않고 남게 된다면 그것은 문제가 있거나 아직도 그러한 내용을 시민들이 인식하지 못하는 경우이다. 여기서 진보적이라는 것은 근대 이후의 형태를 가진 건축물만을 의미하는 것이 아니다. 고전주의, 신고전주의 그리고 포스트모더니즘 등의 클래식한 형태들도 근대 이전보다 진보적인 메시지를 건축물에 담고 있다.

특히 파시즘적인 내용들은 그 시대에만 적용된다. 이는 기회주의자들이나 하는 행위이다. 전문가의 지성이나 양심으로는 할 수 없는 행위이며 정상적인 방법을 통하여 자신의 입지를 나타낼 수 없는 사람들이 하는 행위이다. 역사적인 인식도 없으며 자신을 정당화하기 위하여 자기도취에 서서히 빠져드는 사람들이다. 이들은 내면적으로 자신의 작품을 고민하고 잡은 기회를 통하여 인정받을 수 있는 작품을 만들어 보려고 노력하지만 시작부터 틀렸다. 시작에서부터 잘못되었다는

것을 인식하지 못하기 때문에 결코 해결책을 찾지 못한다. 그래서 이러한 사람들의 특징은 매번 보여주는 작업에서 스타일은 찾아볼 수 없으며 다양함만을 나타낸다. 즉 작업의 목적이 자신의 전문성에서 출발한 것이 아니고 다른 배경이나 파시즘적인 후광의 주문과 의도가 담겨있을 뿐 자신은 기술만 제공한 것이다. 그렇기 때문에 창의적인 내용이 전혀 없다. 사실 이들을 전문가라고 할 수 없다. 주문에 따르는 기술자일 뿐이다. 물론 전문가의 작품이 언제나 좋은 결과를 갖고 온다는 것은 아니다. 그러나 전문가의 순수한 입장에서 시도한 실패는 실패가 아니다. 이것은 오히려 좋은 예로 발전할 수 있는 가능성을 전달할 수 있다. 안타까운 것은 이와 같은 파시즘적인 건축물은 아직도 존재하며 이러한 건축가들이 존경받고 있다는 것이다. 이것은 이들의 실력이 아니라 이들의 부를 바라보는 우리의 수준을 대변하는 것이다. 아니면 전문가로서 그의 작품성보다 그의 성공한 배경에 대한 소망을 더 바라보는 것일지도 모른다.

거대한 것이 언제나 아름다운 것은 아니다. 작은 것이 언제나 초라한 것도 아니다. 중요한 것은 규모에 상관없이 그 작품이 미래를 향한 튼튼한 징검다리 역할을 해야 한다는 것이다. 훌륭한 작품은 스스로 말한다. 그러나 훌륭하지 않은 작품은 부끄러움을 갖고 있으며 아무 말도 하지 않는다. 그 분야에 성공한 사람은 기회가 왔을 때 그 분야를 한 단계 앞당기는 사람이다. 1995년 6월, 삼풍백화점이 무너지는 사고가 발생했다. 백화점 설계도에는 문제가 없었다. 그러나 바닥부터 시작하여 자수성가한 그 그룹의 회장은 자신의 불도저 같은 방식으로 건축가에게 설계도 변경을 강요하였고 직업적인 양심에 설계자 중 한 사람은 직장을 그만두는 결정까지 내려야 했다. 이렇게 무지한 한 사람의 강요로 건축가의 의지대로 설계는 진행될 수 없었으며 급기야 대병 참사를 부르는 사고가 일어난 것이다. 만약 건축가가 전문인의 양심대로 퇴사한 직원과 같이 양심선언을 했다면 많은 인명을 구했을 것이다. 그러나 그들은 설계비의 유혹을 이기지 못했다. 더욱이 빼 먹은 기둥에 의하여 백화점에 이상 징후가 보였음에도 그룹의 회장은 단지 몇 푼 아끼겠다고 정석대로 옥상의 물탱크를 옮기지 않고 편법을 썼으며 그 과정에서 건축물에 더 많은 스트레스를 주었다. 건축가는 이를 알았을 것이라 예상한다. 5년 만에 무너진 이 백화점은 과연 건축가가 우리에게 왜 필요한가라는 생각을 갖게 한다.

건축가의 순수한 의도

포르투갈 건축가 알바로 시저는 "건축가는 아무것도 창조하지 않는다. 단지 변형(Transform)할 뿐이다"라고 말했다. 여기서 창조란 무엇인가? 새로 만든다는 의미이다. 많은 사람들이 건축은 창조라고 생각한다. 그리스에서 온 건축 어원의 의미를 따른다면 건축가는 창조자가 맞다. 아무것도 없던 대지에 건축가는 무엇인가를 만들어 내기 때문이다. 그러나 창조자는 최초로 무엇인가를 만드는 사람이다. 그 이후는 변형이다. 여기에서 변형은 긍정적인 의미로 진보를 의미한다. 그런데 우리 주변에는 가짜 건축가가 너무 많거나 건축가인 척 행세하는 사람들이 많다. 이를 구별하기 위해서는 일반인의 수준이 높아져야 한다. 일반인의 수준이 낮으면 가짜들을 구분하기 어렵기 때문이다. 가짜들의 가장 대표적인 예가 바로 파시즘 건축이다. 소련(구 러시아)이나 독일 히틀러 시대에 이러한 건축물이 많은데 이는 우리나라에도 있다. 이들은 권력에 붙어서 자신들이 먹고살기 위한 방법으로 시민들에게 잘못된 기억을 심기 위해 전문가로서의 양심을 이용한다. 물론 이를 거부하려면 전문가의 양심을 굳게 잡아야 하며 자신에게 주어지게 될 부와 영화를 포기해야 할지도 모른다. 그러나 시간이 흐르면 그 분야에서 훌륭한 모델로 남는 것은 그의 몫이다.

건축도 다른 분야처럼 전문성이 있지만 그 이상의 의미를 갖고 있다. 다른 분야는 선택이라는 자유가 있다. 그러나 건축물은 그 환경을 접하는 사람들에게 선택의 자유가 없다. 눈을 감지 않는 이상 그 건축물을 바라보아야 하고 그 공간에서 생활해야 한다. 그래서 건축은 단순히 공간을 만드는 작업이 아니고 환경을 만들고 도시를 꾸미며 도시를 살아가는 사람들에게 추상적인 아이디어를 제공하고 역사를 만드는 작업이다. 훌륭한 건축가를 탄생시키는 과정은 단순히 교육으로만 되는 것이 아니다. 건축가의 작업은 종합적이다. 이러한 건축가가 있는 도시는 미래를 살아가는 젊은이들에게 꿈을 심어주는 역할을 한다. 랜드마크는 단지 건축물을 두고 말하는 것이 아니다. 훌륭한 건축가는 그 도시를 떠올리게 하는 또 하나의 랜드마크다.

안토니 가우디의 사그라다 파밀리아 성당(Basílica de la Sagrada Familia), 스페인
바르셀로나의 대표적인 로마 가톨릭 성당

스페인 하면 떠오르는 건축가가 있다. 바로 스페인 건축가 안토니 가우디(Antoni Gaudi)이다. 그는 중세 건축이 갖고 있던 건축의 정직성을 표현하려고 애썼으며 과거의 건축을 새로운 구조로 표현함으로써 재창조하려 했다. 아르누보의 자연적인 흐름을 구조에 담으려고 했고, 새로운 근대가 보여준 세공 재료를 과거의 건축물에 적용하려는 의도 또한 엿볼 수 있다. 건축물 자체를 하나의 조형물로서 자연에 공헌하려는 의도가 분명하게 드러난다는 것이 그의 작품을 뛰어나게 하는 것이다.

여기서 중요한 것이 바로 건축가의 순수한 의도이다. 우리는 이를 높이 평가해야 한다. 건축가는 사람을 위한 공간을 창조하는 사람이다. 여기서 사람을 위한다는 의미는 단순히 육체적인 것뿐 아니라 정신적인 부분까지 포함하는 것이다. 어떤 전문가나 한 시대를 뛰어넘어 미래 지향적인 면모를 갖추기 위해서는 순수함을 가져야 한다. 특히 자신의 분야에 있어서 겸손함과 인간에 대한 순수한 의도를 결코 잃어버리지 말아야 하며 반드시 전문성에 있어서 정직과 결백을 지켜야 한다. 대중에게 책임을 느껴야 하며 그 분야의 긍정적인 메시지를 담고 있어야 하고, 출세 지향적인 사람들에게 따끔한 교훈도 남길 수 있어야 한다.

가우디는 동시대의 다른 건축가들이 근대의 형태를 좇고 있었을 때 자신은 꿋꿋하게 스스로의 철학과 전문성을 잃지 않았다. 본인이 의도하는 방향을 흔들림 없이 표현한 것이 실로 존경스럽다. 우리에게도 이러한 위대한 건축가가 있다. 바로 김중업이다. 그는 한국 건축계에 큰 획을 그은 인물로 그가 정부를 비판하면서 쫓겨나듯이 떠난 1970년대는 우리에게 너무나 큰 손실이었다. 우리에게 1970년대는 격동의 시

기였다. 이 시기에 그가 한국에 있었다면 한국 건축은 분명히 지금과
는 많이 달랐을 것이다. 그가 사라진 기간 동안 권력을 등에 업은 가
짜 건축가가 한국의 도시와 건축을 망쳐 놓았다. 더 큰 문제는 이가
인해 한국 건축의 미래를 후퇴시켰다는 것이다.

　김중업은 건축가의 양심과 전문성을 흔들림 없이 보여준 좋은 예이
다. 그의 작품 대부분에 등장하는 지붕의 수평 요소는 수직적인 흐름
을 중화시키는 역할을 하였지만 그의 작품에서 더 훌륭한 것은 절제된
표현과 일관된 스타일이다. 그는 다양한 시도를 통하여 자신의 스타일
을 찾아갔다. 자신의 스타일을 갖는다는 것은 대단한 자신감이다. 이
는 전공에 대한 이해와 경험을 바탕으로 하지 않고서는 갖고 싶어도
가질 수 없는 능력이다. 김중업의 작품에는 절제와 자신의 메시지가
담겨 있다.

주한 프랑스 대사관

05

건축가의
철학

좋은 공간, 나쁜 공간

우리에게 요리사는 왜 필요한가? 요리사가 없어도 사람들은 음식을 만들어 먹을 수 있다. 특히 어머니의 음식은 어떤 요리사의 음식보다 맛있는 경우가 있다. 그런데도 비용을 지불하고 요리사의 음식을 먹는 이유가 있을 것이다. 건축도 마찬가지이다. 누구나 집을 지을 수 있고 설계도 할 수 있다. 그런데도 비싼 비용을 지불하면서 건축가를 찾아가는 이유가 있을 것이다. 우리가 비용을 지불하는 것은 특정한 목적이 있기 때문이다. 그런데 건축은 특정한 목적 이상의 더 많은 이유가 있다고 생각한다. 건축은 물리적, 정서적 그리고 정신적인 영향을 주기 때문이다. 심리적으로도 영향을 미치는데 이는 많은 사람들이 구체적으로 알지 못하는 부분이다. 공간이 미치는 결과를 단번에 알 수 있다면 이를 인지하고 예방하겠지만 서서히 장시간에 걸쳐 영향을 미치고 있어서 시간이 흐른 후에야 결과가 나타나기 때문에 이를 깨닫지 못한다.

설계 단계에서 가장 중요한 것은 도면이다. 도면은 건축주, 시공자 등 도면을 필요로 하는 사람을 위하여 그린다는 목적이 있기 때문에 중요성이 크다. 도면에는 기본적으로 배치도, 평면도, 입면도, 단면도, 그리고 상세도가 있다. 이 중에서 배치도는 건축물과 대지 그리고 주변 환경과의 관계를 살펴보기 위한 것이기 때문에 무척 광범위하다. 입면도는 평면도에서 표현되지 않는 건축물의 디자인을 보여주는 것으로 일반인들도 이해하기 쉬운 도면이다. 입면도가 외부를 보여주는 것이라면 단면도는 내부와 구조적인 부분을 보여준다. 이 모든 도면은 평면도가 정확하게 작성되어야 만들 수 있다. 그러나 단지 다른 도면을 작성하기 위한 이유 때문에 평면도가 중요한 것은 아니다. 평면도를 그리는 이유는 각 층의 공간 구성과 동선, 환기 그리고 빛의 내부 공간 유입 등을 기본적으로 보여주기 위해서이다. 이러한 기능들이 공간에 제대로 포함되지 않으면 공간에 머무는 사람들이 장시간에 걸쳐 좋지 않은 영향을 받는다.

누구나 설계를 할 수 있지만 공간의 조건을 제대로 이해하고 표현하여 나타내는 능력을 갖추지 않으면 우리는 단지 돌덩어리 공간에 머물게 되며 육체적 또는 심리적인 병을 얻게 될 것이다. 그래서 건축가는 사람에게 좋은 공간을 만드는 능력을 갖추어야 한다. 그런데 건축가 중에는 이러한 능력을 갖추지 않은 사람들이 많다. 도시는 건축물로 채워져 있지만 어떤 건축물로 채워져 있는가에 따라 도시에 대한 이미지가 달라진다. 우리가 다녀온 많은 도시 중 어느 도시가 왜 기억에 남아 있는지 생각해 보면 그 이유를 알 것이다.

경력과 이론

전문적인 일을 하는 사람에게는 4가지 타입이 있다. 경력만 많은 사람, 이론만 많은 사람, 두 가지 다 있는 사람, 그리고 둘 다 조금씩 있는 사람으로 나눌 수 있다. 이 분류에서 경력만 많은 사람은 창의적인 부분이 부족하다. 습관과 관례에 따라 일을 진행할 뿐 진전이나 발전 그리고 변경에 있어서 두려움을 갖고 있다. 그래서 작업함에 있어서 융통성이 부족하다. 특히 어떤 상황이 벌어졌을 때 그에 대한 대처가 자신의 경험 밖일 경우 전개나 진행이 힘들기 때문에 경험만 풍부한 사람은 일방적이고 독선적인 경우가 많다. 이것이 젊은이와 오랜 경력을 쌓은 나이 든 사람이 많이 부딪히는 이유이다.

경험이 없고 이론만 많은 사람은 환상을 가진 경우가 많다. 즉 이들은 현실감이 떨어지는 사람들로 유토피아적이고 아카데미적인 성격이 많다. 이러한 사람들은 경험만 많은 사람과 아주 대조적으로 어떤 상황에도 적절히 대처한다. 이론적으로는 모두 가능하기 때문이다. 그러나 이러한 부류들은 일단 상대방의 이론이나 설명에 부정적으로 시작하는 경우가 많다. 타인의 생각을 부정적으로 시작하는 이유는 자신의 생각이 없거나 아니면 상대방의 생각을 조금 고쳐서 자신의 것으로 만들려는 의도가 있기 때문이다. 이러한 부류들은 자신의 이론적인 사고를 주입하면서 스스로는 증명하지 못하여 주변 사람을 힘들게 하는 경우가 많고, 말로 해결하기 때문에 실제로 실행하기만 하며 우두머리 격으로 흐지부지되는 경우가 많다. 왜냐하면 이론과 맞지 않게 실질적으로 어려운 경우이거나 현실에 맞지 않는 경우가 많기 때문이다. 이러한 부류들은 숨어서 혼자 고생하는 경우가 많다. 그래서 이러한 부류들은 혼자 해결하게 두는 것이 좋다.

이론과 경력 모두 없는 사람은 다른 사람들을 힘들게 한다. 이러한 사람이 결정권을 갖고 있으면 거의 자신의 목적만을 위하여 일을 진행한다. 얻고자 하는 것이 있는데 스스로 능력이 되지 않기 때문에 주변 사람을 이용한다. 이러한 사람들은 높은 자리를 좋아한다. 대체적으로 욕심이 많은 부류들로, 욕심은 있는데 스스로 해결할 능력이 없기 때문에 높은 자리에서 낮은 지위에 있는 사람들을 자신의 목적을 위하여 권력을 사용하여 이용해야 하기 때문이다. 그래서 높은 자리의 사람들에게 잘하고 낮은 자리의 사람들을 우습게 안다. 이러한 부류들이 높은 자리에 올라가면 경력만 있는 사람보다 몇 배는 독선적이다. 이러한 사람들은 타이틀을 좋아한다. 경력의 부족함을 가리기 위해 타이틀을 많이 가지려 한다. 타이틀이 자신의 무지를 가려주는 역할을 한다고 생각하기 때문이다.

이론과 경력을 모두 풍부하게 갖고 있는 사람은 겸손하다. 그 많은 이론과 경력을 갖고 있는 사람들은 가능성의 무한함과 분석 능력을 키웠고 나타날 결과에 대하여 자신의 능력이 얼마나 작은지를 경험했기 때문이다. 그래서 이러한 사람들은 모든 일에 최선을 다한다. 그것이 모든 가능성을 만들어내는 데 최선의 방법이라는 것을 알기 때문이다.

이 개인적인 생각은 전문인을 대상으로 분류한 것이다. 일반인의 경우는 예외일 수 있다. 왜냐하면 전문가는 일의 결과를 제시해야 하기 때문이다. 우리에게는 많은 전문가가 있다. 그리고 많은 건축가도 있다. 그런데 우리는 왜 젊은 건축학도가 롤 모델로 삼을 만한 건축가를 찾기 힘든지 의문을 가져야 한다.

한국인은 뛰어난 능력이 있음이 이미 인정된 바이다. 그런데도 우리의 주변에는 그 뛰어난 결과물이 많지 않다는 것이 안타깝다. 아마도 이론과 경력 두 가지를 다 갖춘 전문가가 일을 하기에는 그렇지 못한 전문가들이 너무 많은 것이 아닌가 걱정이 되어 분석해 본 것이다. 학벌 위주의 사회를 이미 경험했고 독선적인 지도자의 결과도 보았다. 학맥, 인맥 그리고 지맥 등 오류를 갖고 있는 판단이 아닌 진정한 전문가가 일을 할 수 있는 사회적인 분위기가 조성되어야 한다. 그래도 지금의 젊은이들은 많이 다르다. 과거보다 패기가 있고 과거보다 긍정적이며 과거보다 박식하다.

건축가의 철학

안다는 것은 정말 즐거운 일이다. 안다는 것은 음식으로 배를 채우는 일과 같다. 그 음식이 단순히 배를 채우는 수단만이 아니고 맛있고 영양가가 있으면 더 좋다. 한 분야의 전문가는 원하는 자리를 얻게 되면 거기서 끝나는 경우가 많다. 특히 좋은 자리를 얻기 위하여 공부한 사람들에게서 이러한 경향이 많이 나타난다. 그래서 자신이 분야만 파고들거나 아니면 자신의 분야도 다 모르면서 지위를 지키려고 하는 전문가들도 많다. 그러나 그들은 진정한 의미로 아직 완성된 전문가가 아니다. 우리 주변에 있는 모든 전문 분야의 끝은 인간을 위한 것이어야한다. 50대부터는 자신의 이데올로기와 인생철학이 고정되어 이해되지 않는 정의를 갖고 스스로 개발을 멈추며 자신의 기성화된 자세를 정당화시키려는 정지된 전문가들이 많다. 즉 자신의 경제적인 부분을 위하여 일한 전문가는 안정적인 상황이 오면 자신의 분야를 발전시키기 위한 노력을 멈춘다.

하지만 진정한 전문가는 쉬지 않는다. 젊은 시절처럼 분야를 파고들고 연구하는 열정이 뜨겁지는 않더라도 노련한 전문가는 자신의 전문 분야가 인간의 정신적인 삶을 윤택하게 할 수 있는 방법이 무엇인가 고민하며 그 노력을 멈추지 않는다. 모든 분야의 최종 목적지는 인간의 유익함을 추구하는 데 있기 때문이다. 학자가 끝없이 책을 쓰고 논문을 발표하는 이유가 바로 여기에 있다. 그 분야의 발전에 기여하기 위한 목적도 있지만 궁극적으로는 전문성을 개방하면서 상호간에 도움이 되기 위해서이다. 여기에서 전문가에게 요구되는 자질은 다른 것을 수용하는 오픈 마인드이다. 자신의 분야가 아니면 받아들이기 힘들어하는 전문가도 있다. 이것은 능력 있는 전문가가 아니다. 획일적 사고와 편협한 시야를 갖고 있는 전문가는 거기까지이다. 인류를 위하여 긍정적인 업적을 남긴 사람 중 하나의 분야만 바라본 사람은 없다. 이들은 다양한 분야의 융복합적인 작업과 사고를 갖고 일을 한 것이며 50대가 넘어서도 자신의 시야를 넓히기 위해 노력했다.

특히 요즘과 같은 시대에는 이러한 수용성이 더욱 요구된다. 소위 지식이라는 내용은 그 분야의 전문적인 내용을 말한다. 그러나 그 분야의 내용만 갖고는 인류의 진보를 향한 발걸음에 도움이 되지 않는다. 전문 분야의 내용(지식) 외에 앎을 상식이라고 한다. 상식은 지식을 자유롭게 하는 능력이 있다. 상식은 지식의 폭을 넓히고 지식의 가능성을 제시하며 지식의 미래를 제시하는 능력이 있다. 즉 상식이 없이 지식을 넓히는 시도는 어렵다는 것이다. 진정한 전문가는 한 분야의 지식만 가지고 있지 않다. 한 분야의 지식만으로는 풍부한 결과물을 보여주기 힘들기 때문이다. 진정한 전문가는 자신의 위치를 스스로 대변하지 않는다. 무한한 가능성은 무한한 조건에서 나오는 것이 아니고 무한한 시도에서 나오는 것이다. 실패는 성공의 어머니라고 위로하지만 실패는 곧 무한한 가능성 중 하나를 시도한 것이다. 실패해보지 못한 전문가는 철이 덜 든 전문가이거나 실패를 안고 작업하는 사람이다.

그렇다면 건축가는 어떠한 전문가가 되어야 할까? 건축가는 작업을 할 때 자신의 작업 철학과 발주처의 작업 철학을 담아야 한다. 그러나 미숙한 건축가는 현재의 것도 수용할 수 없고 자신의 철학은 더더욱 작품 속에 존재하지 않으며 기존의 것을 반복하는 습관에 따라 움직인다. 이를 알아보는 방법 중의 하나가 바로 그의 작품이 갖고 있는 철학을 들여다보는 것이다. 교과서적인 내용과 구조적인 내용, 그리고 알아들을 수 없는 내용으로 가득하다면 그의 작품은 껍데기거나 다른 작품을 옮겨 놓은 것과 같다. 모든 창조적인 작업에는 탄생의 비밀이 있어야 하는데 그 탄생의 비밀이 언제나 광범위하고 신비스러워야 하거나 환상적일 필요는 없다. 단지 그 창조물이 그냥 태어난 것이 아니라 창조주의 계획과 의도가 들어있고 그 의도대로 구성하여 표현한 것이면 된다. 그러므로 기술과 창조는 별개의 것이다.

일반적으로 전문가는 여러 가지 특징을 갖고 있는데 그중 첫 번째가 언행일치이다. 설명이 표현과 일치한다면 그는 훌륭한 창조자이다. 그런데 창조물 자체가 우리에게 아무런 메시지를 전달해 주지 않는다면 그것은 그저 형태에 불과하다. 창조자에게 작업 의도가 매우 중요한 이유가 여기에 있다. 형태 자체는 우리에게 감동을 주지는 않는다. 만일 누군가 그 작품에 대한 설명을 듣지 않고 감동을 받는다면 그것은 아주 개인적인 이유가 있거나 감동을 받은 사람이 그 분야에 전문적인 지식을 갖고 있을 가능성이 크다. 형태가 반드시 감동을 주어야 할 필요는 없지만 존재의 이유는 필요하다. 그것이 바로 작업 의도이다. 전문가의 작업 의도가 담겨 있지 않은 창조물이 존재할 수는 있지만 그러한 창조물은 존재의 이유가 없는 것이다. 작업 의도는 바로 전문가의 철학이다. 그것이 전문가의 가치관을 나타낸다.

건축은 인간을 위한 작업이기에 전문성이 더 요구되고 건축 공간이 사람의 심리에 막대한 영향을 미친다는 것을 안다면 진정한 전문가가 건축 일을 해야 한다. 창문 하나, 문 하나, 공간 배치와 개구부의 위치 그리고 건축물 배치는 그리는 것이 아니고 작동하게 만드는 것이다. 건축물은 정교하게 만들어져야 한다는 의미이다. 정교함의 기준은 사람이다. 누구나 건축물을 지을 수는 있다. 그러나 아무나 좋은 건축물을 지을 수는 없다. 좋은 건축물의 기준도 사람이다. 바닥을 만들고 벽을 세우며 지붕을 얹는 기준에는 사람이 있다. 이렇게 만들어진 공간은 외부가 주는 단점을 보완하고 그 안에서 안락한 생활을 할 수 있도록 해야 하는데 이는 그것이 무엇인지 이해하는 전문가만이 할 수 있다. 즉 공간이 만들어졌다고 내부가 아니라는 것이다. 잘 훈련된 건축가의 능력이 그의 철학을 담아 만들어 질 때 우린 진정한 내부를 가질 수 있는 것이다. 훌륭한 건축 철학과 능력을 겸비한 건축가를 만날 때 훌륭한 건축물이 탄생한다.

사 람   공 간   건 축

Part 02

인간과 자연,
그 사이에서

건축이 향하는 곳은
어디인가?

인간의 영역과 자연의 영역

산업혁명 이전의 건축은 수직적인 사회구조로 인해 다양한 시도가 어려웠고 특히 건축 재료의 한계로 다양한 형태가 등장하기 어려웠다. 그러던 것이 산업혁명 이후 풍부한 재료와 기술의 발달로 새로운 시도가 이뤄졌고 수평적인 사회구조는 전 시대와 달리 가능성을 제시하였으며 기능주의라는 시대적 코드를 앞세워 새로운 시도가 가능해졌다. 그러나 기술의 발달 속에서 무분별한 시도는 환경 파괴의 시작이 되었으며 인간과 자연이라는 주제는 풍부한 산업 물질의 제공에 가려져 뒷전으로 물러났다. 물과 목재를 마구잡이로 사용함으로써 산림이 파괴되는 현상이 벌어졌으며, 석탄의 등장으로 도시가 매연으로 가득 차면서 환경에 대한 관심이 테마로 떠오르기도 했지만 이미 산업이 주는 이

점을 알게 된 사람들의 관심은 오래가지 않았다. 여기서 환경은 자연 환경뿐 아니라 인간 사회를 연구하려는 의도도 내포하고 있다. 하지만 아이러니하게도 인간의 이기심이 이러한 시도를 막는 가장 큰 장애물로 작용하고 있다. 장기적인 안목보다 현재의 이익과 편안함을 추구하려는 시도가 문제인 것이다.

현대에 들어 환경에 대한 대책이 마련되고 있지만 건축에서는 아직 환경과 인간에 대한 답을 구하려는 시도가 미비하다. 건축 법규나 규칙이 존재하지만 모두 환경에 대한 심각성이 드러나기 전에 만들어진 것이고 환경을 해치는 사항들을 시정하기에는 너무 많은 시간이 필요하다.

자연과 환경의 변화는 시간이 흐른 후 나타나는 특징을 갖고 있다. 그러나 인간이 보고 느끼는 반응은 즉각적이다. 이러한 이유로 건축 형태 변화가 자연에 대한 변화보다 더 빠르게 진행되고 있다. 자신이 갖고 있는 능력이 많을수록 그에 대한 요구 사항도 증가하는 경향이 있다. 인간의 능력은 과거보다 더 진보했다. 이 진보한 능력이 인간을 위한 목적으로 주로 사용되어 초기에는 자연과 환경을 고려하지 않은 탓에 오늘날 환경 문제를 야기하고 말았다. 그러나 확대 해석해 보면 이러한 이기적인 목적이 진정 인간을 위한 것은 아니었다. 중세는 시대적 코드가 기독교였기 때문에 모든 행위의 가치가 기독교에 맞춰져 있었다. 모든 형태가 하나님에게로 맞추어져 있었고 기본적인 가치 또한 신본주의에 바탕를 두었던 것이다. 그러나 근세를 알리는 르네상스에 들어서면서 인간을 기본으로 하는 인본주의가 등장했다. 이러한 의도는 건축에서도 나타나게 되는데, 예를 들면 건축물의 비례 관계가 바로 그 시작이다.

오벨리스크(Obelisk), 이집트
고대 이집트 태양신 상징의 기념비

성 베드로 대성당의 형태를 분석해 보면 일정한 비례 관계가 적용되었음을 알 수 있다. 중세 건축물의 공통점은 수직적인 형태를 유지했다는 것이다. 이는 전적으로 평등이 요구되는 인간 세상의 질서가 소외되고 하나님과 인간의 관계가 상하 관계에 있음을 나타낸다. 이집트에는 고대 이집트인들이 그들이 숭배하는 태양신 라(Ra)에게 바쳤던 것으로 알려진 오벨리스크(Obelisk)라는 기념비가 있다. 오벨리스크는 신에 대한 인간의 소망을 담은 것처럼 보이지만 이는 권력의 중심점을 보여주기 위한 것이었으며 높은 지위를 보여 주는 상징이기도 했다. 이러한 수직적인 형태를 추구했던 내면에는 또한 왕족과 귀족들이 권력을 차지하고 있던 시점에서 종교 지도자들도 권력을 얻기 위한 수단이었던 것으로 보인다. 즉 수직적인 형태를 심리적으로 사용하여 도시 어디서나 바라볼 수 있는 상징으로 만들어 약해지는 신앙에 대한 메시지를 담기도 했으나 내면에는 권력의 상징이 필요했던 것이다.

중세가 끝나고 근세의 르네상스는 인본주의를 주장하면서 인간의 평등을 필요로 했고 이에 대한 대안으로 수평적 형태를 고대에서 도입하여 이에 대한 대안으로 사용하였다. 이러한 형태의 주안점은 곧 인간의 신체가 그 출발점이 되었으며 그 신체가 갖고 있는 비례와 대칭의 의미를 담고자 시도했다.

르네상스 시대 미켈란젤로의 다비드상은 종교적인 색채가 아직 남아 있어서 거구의 골리앗 앞에서 당당한 다윗의 모습을 보이려는 의도가 담겨 있다. 반면 매너리즘 시대 베르니니의 다윗은 안정적인 모습보다는 좀 더 역동적인 모습을 띠고 있다. 하지만 이는 다윗에게 내재된 불안감을 표현한 것이다. 이렇게 사람의 작품이 점차 의도적인 것에서 심리적인 부분으로 발전하고 있음을 알 수 있다.

(좌)미켈란젤로의 다비드상 | (우)베르니니의 다비드상

이후 건축물은 인간을 기준으로 점차 발달하여 형태에 대한 감정의 소유자가 누구인가를 파악하며 권력자, 신앙 그리고 모든 인간의 범위로 퍼져 나아가고 있음을 알 수 있다. 이는 긍정적인 발전이다. 그러나 이러한 단계에서 인간은 먹이사슬의 최상층에 있음을 깨달았고 이로 인해 자연의 권력자로서의 위치를 남용하는 기간이 너무 길게 이어져 왔다. 이것은 잘못된 판단이었다. 진정한 자연의 권력자는 인간이 아니고 자연 그 자체임을 이제야 알게 된 것이다.

17세기 이전까지 사람들은 자연에 대해 진지한 태도를 갖지 않았다. 자연은 그저 도시 밖에 존재하는 물리적 영역으로 판단했다. 그래서 프랑스는 국왕이 자연까지 지배하는 위대한 권력자라고 착각하는 오류를 범했다. 그들은 도시 내 자연도 인위적으로 다듬기 시작했다. 그 당시 영국이 프랑스와 사이가 좋지 않았던 덕분에 프랑스 정원을 답습하지 않으려 한 의도는 다행스러운 일이다. 영국은 프랑스와 차별화된 정원을 연구하다가 풍경화에 담긴 정원을 시도하였고 그 결과 그림처럼 이상적인 풍경의 정원을 조경할 수 있었다. 그래서 영국 정원을 풍경 정원이라 부른다.

자연에서 인위적으로 생성된 것은 건축물이다. 프랑스는 건축물이 곧 왕의 상징이라 생각하여 건축물을 기준으로 정원을 조성한 반면 영국은 자연 속에 건축물이 속하는 방법으로 정원을 조성하였다. 여기서 중요한 점은 프랑스 정원의 구성은 인간이 작업하여 인간이 보기에 아름다울 수는 있지만 자연이라기보다는 조각품에 가깝다.

베르사유 궁전(Palais de Versailles)
대표적인 프랑스식 정원(길들여진 자연), 1682

스타우어헤드 정원(Stourhead)
영국 정원(풍경 정원, 자연스러운 정원), 1744

이는 인간의 이기심이 반영된 결과이다. 자연을 인간의 영역 안에 넣으려는 의도는 옳지 않다. 이러한 현상은 르네상스까지는 찾아볼 수 없었다. 페이지 소유사가 한정되어 있었기 때문이다. 르네상스가 인본주의라는 새로운 관점으로 세상의 변화를 갖고 온 것은 긍정적이다. 그러나 이는 인간이 자연을 소유하려는 의도가 되고 말았다. 이제 우리는 자연과 영역을 공존하기 위해 노력해야 한다.

순리대로의 전환을 위해

르네상스 건축가의 대표적인 인물은 이탈리아 건축가 레온 바티스타 알베르티(Leon Battista Alberti)와 안드레아 팔라디오(Andrea Palladio)이다. 알베르티와 팔라디오의 공통점은 건축 양식의 명확성, 질서, 대칭의 측면에서 합리성을 나타내면서도 고전적인 형태와 장식 모티브들을 사용한다는 것이다. 다른 점은 알베르티가 건축물을 인체의 비례와 접목시키는 시도를 하였다면 팔라디오는 자연의 법칙을 좇아 자연스러운 건축을 표현하려고 시도했다는 것이다. 이는 근세의 시작과 함께 인문학적인 내용을 각 분야에 시도하려는 의도가 분명하게 있었음을 보여준다.

1400년대 초는 중세 고딕과 근세 르네상스가 만나는 과도기로 중세의 건축물에 고대의 이미지를 접목시키려는 의도가 있었던 반면, 1500년대 말은 중세에서 벗어나 르네상스 고유의 표현을 시도하던 시기이다. 기독교 시대에서 르네상스로 넘어오면서 신앙적인 부분이 약

레온 바티스타 알베르티의
산타 마리아 노벨라 성당(Chiesa di Santa Maria Novella), 이탈리아

해지게 되는데 그 비워지는 영역에 자연을 채우는 작업을 한 것이다.

비운다는 것은 채움의 가능성을 늘 갖고 있다. 동물들은 필요한 만큼만 채우는 습성이 있는 반면 인간은 그 이상의 것을 늘 추구해 왔다. 자연의 동물은 제공되는 상황이 아니고 스스로 찾아야 하며 필요 이상의 것을 취해도 그것을 보관하는 것이 어렵기 때문이다. 그래서 자연의 생물체는 필요한 것을 찾아 보관하기보다는 서로 간에 유지하는 본능이 생긴 것이다. 그러나 인간은 동물에 비하여 신체적인 단점을 갖고 있음을 깨달았고, 이를 극복하기 위한 방법을 연구하였다. 그리고 연구 끝에 필요 이상의 것을 취하는 방법을 찾게 되었다. 인간은

빌라 로톤다(Villa Rotonda), 이탈리아

필요한 것을 취하는 과정에서 자연의 생명 사슬이 유지되는 법칙에 점차 관심을 두지 않았고, 충분히 보관하는 방법을 터득한 인간은 이에 대한 과한 욕심으로 인하여 자연의 생명 사슬을 무너트리게 되었다. 안타깝게도 이를 깨닫는 데는 너무 오랜 시간이 걸렸다. 이제 자연의 생명 사슬은 위험에 빠졌고 이것은 인간 스스로를 위험에 빠뜨리는 지경까지 이르게 했다. 건축의 다양한 시도 또한 이에 대한 책임에서 벗어날 수 없다.

건축은 자연에 피해를 주지 않기 위해 다양한 노력을 시도하기도 하였지만 이는 극히 일부에 불과하다. 오히려 발달한 건축 기술이 이 같은 노력을 역행하면서 왜곡된 방향으로 흐르고 있다. 빌라 로톤다는 자연을 인간의 영역으로 끌어들인다는 새로운 콘셉트를 시도했지만 이 또한 인간의 욕심일 뿐이었다. 자연은 품는 것이 아니고 자연 속에서 살아가는 방법을 찾아야 하는 것이다. 자연은 오랜 역사 속에서 만들어졌다. 자연의 시스템을 바꾸려는 시도는 인간의 엄청난 실수이다.

우리나라의 경우 최대의 실수는 바로 4대강 개발이다. 이는 자연에 대하여 무지하고 공격적인 행위다. 자연이 어떻게 만들어졌는지 이해하려 들지 않았고, 그 만들어진 환경 속에서 살아가는 생물들의 존재를 무시한 결과였다. 이 생물 속에는 당연히 인간도 속해 있다는 것을 인정하지 않은 것이다. 자연에는 특징이 있다. 그것은 바로 완충 영역이 존재한다는 것이다. 자연에서 가장 중요한 영역은 물이다. 물과 대지가 바로 만나는 일은 절대 없다. 물과 대지 사이에는 반드시 완충 영역이 단계별로 존재하는데 이것이 바로 생물이 살아가는 데 중요한 환경이다. 4대강 개발로 이 영역들은 변화되고 사라지고 있으며 이로 인해 생물들의 먹이 사슬은 무너졌다. 지금의 환경이 몇 천 년에 걸쳐 생성되었듯 새로운 환경에 적합한 생물들이 만들어지는 데 또다시 몇 천년이 걸릴 것이다. 이 기간 동안 변화된 환경으로 인하여 사라지는 종이 있을 것이다. 인간 또한 그 종의 하나가 될지도 모른다. 자연은 품는 것이 아니다. 인간은 기술적인 면에서 어떤 생물보다 뛰어난 능력을 갖고 있다. 그러나 자연환경에 적응하는 능력과 그로 인하여 발생하는 바이러스에 대항하는 능력은 다른 생물체에 비하여 무능하다.

02

인간을 닮으려는
건축

건축의 목적지는 어디인가

인간의 장점 중 한 가지는 다른 생물에 비해 환경에 적응하는 능력이 뛰어나다는 것이다. 인간은 다양한 환경과 기후 조건에서 적응하며 살 수 있는 능력이 있다. 인간의 이러한 능력을 돕는 것이 바로 건축이다. 동물들은 계절에 맞춰 피부가 적응하며 변화하지만 인간은 그렇지 않다. 건축이 인간의 새로운 피부 역할을 하며 어떤 환경에서도 살아남게 도와준 것이다. 그런데 인간의 첫 번째 구조물은 신을 위한 사원, 영웅적 지도자를 위한 무덤 등 우리 자신을 위한 것이 아니라 신을 위한 것이었다. 이는 인간에게 환경에 대한 육체적인 적응도 중요했지만 정신적인 충족이 더 중요했던 것을 의미한다. 여기에서 인간은 한 가지 깨달음을 얻게 된다. 우리가 신을 위한 집을 지을 수 있다면 인간을 위한 집 또한 지을 수 있다고 생각한 것이다. 건축은 실용적인 부분에서 시작되었기 때문에 문화적 또는 환경적으로 타당하지 않을 수 있지만 우리 도시의 형태에 어떤 영향을 미치는가에 대해 생각해 보아야 한다.

도시에서 신성한 구역, 공공장소, 신성한 건물, 공공 건물과 개인 건물 사이의 명확한 계층을 굳이 구별할 필요가 없다면 어떨까? 미래의 도시나 삶에 대한 관심이 없거나 시간이 흐르면서 인류에 대한 관심을 갖지 않고 단순하게 생각한다면 오늘날 우리에게 주어진 환경의 변화를 설명하는 것은 어렵지 않다. 우리는 왜 계속 건축을 하는가? 건축을 통하여 더 좋은 삶을 요구하며 좋은 기억과 근본적인 희망을 원하기 때문이다. 인류의 발전을 위해서 정말 실용적인 부분만 필요한지 이제는 다시 생각해 보아야 한다. 즉 누구에게 실용적인가 짚어보아야 한다. 단순히 인간뿐 아니라 환경에도 그러한 장점이 있는지, 건축이 환경에 주는 영향이 정말 실용적인지 꼼꼼하게 따져야 한다.

인간의 신체라는 관심사

인간의 몸은 아주 정교한 구조를 갖고 있다. 몸에 대한 주제는 철학 분야에서 처음 언급되었으며 이는 모든 분야의 주제가 되었다. 신체에 대한 관심과 연구는 서양 건축, 특히 고전 건축에도 영향을 주었다. 신체는 그 당시 사회 문화, 정치, 경제, 철학 등에 많이 등장했다. 신체에 대한 사람들의 이해는 당시 건물과 도시, 몸과 건물의 관계를 설명하는 데 있어서 중요한 개념으로 사용되었다. 중세는 인간의 본질보다는 종교적인 차원에서 모든 것을 다루었기에 인간이 도외시된 반면 근세 에는 인본주의를 바탕으로 하는 르네상스가 시작되면서 인간과 인간의 신체에 대해 연구하는 사회 풍토가 조성되었다.

고대 로마 시대의 건축가 비트루비우스의 『건축 10서』 이후로 신체를 연구하는 건축의 인본주의 전통은 과거와 다른 차원에서 건축의 발전을 시도해 왔으며 현재까지 지속적으로 적용되어 왔다. 건축이론가 안토니 비들러(Anthony Vidler)는 자신의 이론을 통해 신체와 건물 사이의 관계를 발전시켰다. 철학에서는 플라톤이 처음으로 몸의 개념을 언급했다. 그는 몸이 죄 많은 개체라 여기며 몸과 영혼을 이원적으로 분리했다. 그리고 중세에 이르러 몸은 영혼이 지배하는 욕망 덩어리로 보았다.

르네상스에 이르러서야 신체의 아름다움에 대해 관심을 가지기 시작했다. 17세기 이후 철학과 과학은 신학적인 사고를 넘어서면서 점차 신학의 족쇄에서 몸을 해방시켰다. 이 시기 철학의 주요 목표는 신체를 해방시키는 것이 아니라 신학을 파괴하는 것이었다. 따라서 몸은 더 이상 죄 많은 몸이 아니고 영혼과 반대되거나 지배받지도 않는 대상으로 여겼다. 데카르트의 관점에서 "나는 의식과 신체를 분리한다"라는 논리가 등장했으며 이는 20세기까지 지속되었다.

20세기에는 3명의 학자들에 의하여 신체에 대한 이론이 등장하는데 이는 신체를 영혼에서 자유롭게 해주어야 한다는 관점에서 비롯된 것이다. 첫 번째는 메를로 퐁티의 신체 현상학, 두 번째는 뒤르켐, 모스,

그리고 부르디외의 사회적 실천에 대한 인류학적 전통이다. 그리고 세 번째는 니체와 푸코의 정치에 대한 신체의 역사적 견해이다. 이 세 가지 관점에 대해 학자들은 개별 신체(현상에 따라 신체가 개별적으로 반응), 사회 신체(사회적, 도덕적 질서에 따른 신체의 반응), 그리고 정치적 기구로서 신체(권력에 의한 신체의 통제)로 구분했다. 몸의 개념은 시대의 발전과 함께 변화되어 왔다. 19세기 이후 사회 과학은 사회적 관점에서 신체에 대해 많은 논의를 했다. 중세에 금기시되었던 신체에 대한 관심은 여러 분야에서 다루기 시작했고 건축에서도 이에 대해 관심을 기울이며 연구하기 시작했다. 몸을 우주의 질서와 비교한다면 고전적인 건물은 미시적인 세계였으며, 그리스도의 완전한 몸은 거시적으로 표현되었다. 심리학과 공감 이론의 육체적, 정신적 연구에 따르면 물질 수준과 신체 그리고 경험에 따라 지각이 다르게 나타난다고 했다. 철학자들에 따르면 공간 상황, 사회 구조 그리고 권력의 상태에 따라 육체는 다양한 욕망의 요소에 얽혀 있는 힘이 있음을 보여준다.

건축물의 의인화

건축가들은 인간에게 유용한 공간을 창조하기 위해 신체에 대한 연구를 이어나가고 있다. 르네상스 건축가 레오나르도 다빈치는 고대 로마 건축가 비트루비우스의 『건축 10서』에서 언급된 '인체의 자연적인 비례'를 바탕에 둔 비트루비안 맨(Vitruvian Man)을 통해 신체와 건축의 관계

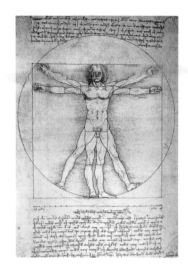

비트루비안 맨(Vitruvian Man)

를 표현했다. 양팔을 수평으로 펼친 남성의 신체를 정사각형 안에 넣고, 양팔을 위로 치켜든 신체를 원형에 넣은 그림이다. 이때 원의 중심은 배꼽이 된다. 그는 이와 같이 신체가 완벽한 비율을 갖추고 있다고 설명했다. 그리고 신체는 자연의 형태를 띠고 있으며 예술 작품의 구조는 신체를 모방해야 한다고 주장하며 인체의 비율과 대칭이 건축에도 적용되어야 한다고 제안했다.

이 규칙을 완벽하게 시각적 이미지로 나타낸 건축물이 바로 판테온 신전이다. 건축물의 의인화에 대한 견해는 서양 고전 건축의 주제에 항상 존재했으며 르네상스에 와서 더욱 발전했다. 신체 측정의 가장 대표적인 인물로 꼽히는 이탈리아의 건축가 필라레테(Filarete)는 건축은 인간에서 비롯되었고 신체처럼 살아있는 유기체이며 인간을 모방하는 방법이라고 믿었다. 필라레테는 건축물을 의인화하는 방법으로 신체에 구멍이나 입구 또는 깊은 공간이 있는 것처럼 건축물도 신체와 같은 적절한 기능을 위하여 개구부, 즉 문과 창문이 있어야 한다고 제안했다. 이것은 사실 건축물에 반드시 필요한 것으로 이러한 개구부를 신체와 비교한 것이다. 건물과 도시 또한 신체와 마찬가지로 병들 수 있다. 좋은 의사는 신체를 치료할 수 있지만 치료에 실패하면 병에 걸리거나 목숨을 잃듯이 도시 또한 이러한 과정을 겪을 수 있다. 그의 신체와 건축물 또는 도시에 대한 유기적 이론은 몇 가지 아이디어를 암시하기도 한다. 필라레테의 제안은 건축 디자인의 개념으로 확장되었다. 그는 건축물

판테온 신전(Pantheon), 이탈리아
판테온의 기본 구조를 이루고 있는 반구는 우주를 상징하며,
거대한 돔의 정상에 뚫린 구멍은 행성의 중심인 태양을 상징

의 형태, 설계 및 건축물에 사용되는 장식을 인간의 외모, 인간 생존의 가치, 인간 활동 및 도덕적 가치 등과 비교하는 등 건축 형태를 창의적 으로 해석했다.

프란체스코 디 조르조 마르티니(Francesco di Giorgio Martini)는 르네상스 시대에 건축물을 의인화한 건축가였다. 몸에 대한 그의 관심은 건물의 형태와 비율, 건물의 구성 요소뿐 아니라 도시에 인간의 품질, 크기 및 모양 등을 담고자 했으며 성당의 평면도에도 사람의 이미지를 겹쳐 놓았다. 그리고 도시의 메인 광장을 신체의 배꼽처럼 표현하였다. 그는 도시를 계획하기 위해 사람들을 바닥에 눕히고 배꼽에 선을 고정한 다음 원을 그리는 방법을 사용하기도 했다. 이것은 비트루비우스뿐만 아니라 다빈치의 비트루비안 맨의 그림에서도 찾아볼 수 있는 부분이다.

르네상스 시대에는 많은 분야에서 신체의 물리적 형태의 의미를 나타내고자 했다. 건물 또한 몸을 대표하는 상징성을 담고 이를 통하여 이상적인 몸을 표현하려고 시도했다. 이후 포스트 모던은 신체와 건축의 관계를 니체, 푸코, 들뢰즈와 같은 철학가의 이론을 바탕으로 재해석함으로써 신체의 활력을 건축에 나타내려 하였다. 건축과 신체의 단순한 비교보다는 사회와 공간, 그리고 몸이라는 넓은 의미로 확대하였고 이를 사회에서 일어나는 여러 상황에 적용하여 공간과 장소에 대한 새로운 개념을 정의하였다. 예상되는 사회 규칙에 집착하지 않고 적극적으로 사회에 도전하는 신체와 공간을 보여주고자 한 것이다. 신체는 사회적, 정치적, 화학적 또는 생물학적 힘에 의하여 형성된다. 신체는 항상 힘의 생성과 흐름에 대한 차이를 보이며, 힘은 항상 생성과 흐름의 과정에 있다고 주장했다.

　예를 들어 버나드 츄미(Bernard Tschumi)가 라 빌레트(La Villette) 공원 곳곳에 만든 폴리(어리석음 Follie, 본래의 기능을 잃고 장식적 역할을 하는 건축물)는 들뢰즈의 개념과 일치한다. 몸은 일정한 형태를 유지하지 않으며 시간이 흐름에 따라 끊임없이 변화한다. 츄미의 건축물은 몸이 시간의 움직임에 따라 변화되는 모습을 표현하고 있다. 동시에 몸은 건축물의 변화와 가능성을 나타내고 동기를 부여하는 아이디어 제공자가 되기도 한다. 즉 세상의 그 무엇도 영원한 형태는 없으며 그것을 가장 잘 알려주는 것이 바로 신체의 변화이다. 츄미는 건물의 현상에 대하여 두 가지 가능성이 있다고 믿었다. 하나는 신체적 현상이고, 다른 하나는 공간에서의 물리적 현상이다.

　현상학의 영향을 받은 츄미는 몸의 현상과 행동의 창시자로 간주된다. 하지만 츄미의 공간에 있는 물체는 공간과 신체 사이의 격렬한 갈등을 겪기도 한다. 그는 불편한 공간이나 변이하는 공간은 항상 신체를 혼란에 빠뜨릴 수 있다고 여겼다. 건축은 몸을 행복하게 해야 한다. 이것이 츄미가 그의 건축물을 통해 얻고자 하는 현상의 즐거움이다.

라 빌레트(La Villette) 공원 곳곳의 폴리

신체와 기능주의

건축에서 기능주의는 디자이너가 특정 목적을 위해 건물을 설계할 때 사용하는 주요 원칙이다. 기능주의는 오늘날 건축에서 디자인의 출발점으로 널리 사용된다. 공간의 기능은 공간에서 발생하는 활동과 이벤트에 따라 다르다. 기능은 대상, 프로세스 또는 아이디어가 수행되어야 하는 필수적인 설계 행위이다.

건축에서 양식은 건축물의 형태를 형성하는 건물 이미지의 최종 결과이다. 형태는 건물의 모양과 구성 그리고 외부와 공간이 접촉하는 지점이다. 형태는 종종 3차원적으로 건축물의 무게감이나 규모의 척도를 내포하지만 본질적인 측면은 외형을 전달하여 건축물을 구체적으로 보여주는 역할을 한다. 형태와 기능은 상호 작용하는 것을 원칙으로 하지만 실제로 그렇지 않은 경우도 있다. 그래서 '형태는 기능을 따른다(기능주의)'와 '기능은 형태를 따른다(형태주의)'는 주장이 오랫동안 대립되어 온 것이다. 그러나 건축 작업에서 형태와 기능의 관계를 분리할 수는 없다. 기능이 없는 형태는 그 자체로 의미가 없으며 기능의 목적을 달성하기 위해서는 형태가 필요하다. 기능을 따르는 형태는 미국의 건축가 루이스 설리반(Louis Sullivan)이 만든 20세기 모더니스트 건축과 관련된 원칙이다. 그는 건물이나 물체의 형태가 주로 특정 기능이나 목적에 따라 만들어진다는 원칙을 고수했다. 그러나 어떤 사람들은 형태가 기능만큼 중요하다고 말한다. 때로는 양식(형태)이 기능을 정의하기도 한다. 현대에 와서는 형태와 기능 모두 중요하다. 설계 과정에 있어서 공간의 구성, 주민 또는 건축주의 요구, 설계자의 의도 및 설계 프로그램 간의 관계 등 이 모든 요소를 고려해야 하기 때문이다.

21세기에 가장 중요시되는 실세 쉽는 방식 중 하나는 환경을 보존하는 것을 목표로 하는 건축물의 지속가능성이다. 건축물의 재사용은 보존과 유산 그리고 건축 정책 문제의 중요한 이슈이다. 오래된 건물과 빈 건물은 리모델링이나 재건축을 통하여 다양한 기능을 하는 건축물로 변경될 수 있기 때문이다.

발전소를 갤러리 박물관으로 재창조한 런던의 테이트 모던(Tate Modern Museum)은 건축물을 재사용한 현대 사례 중 하나로 꼽을 수 있다. 테이트 모던은 건축의 노벨상이라 불리는 프리츠커상 수상자인 건축가 자크 헤르조그(Jacques Herzog)와 피에르 드 뫼롱(Pierre de Meuron)이 테이트 박물관을 위해 설계한 현대 미술관이다.

2000년 5월 12일 개관한 테이트 모던은 영국 정부의 밀레니엄 프로젝트의 일환으로 템스 강변의 뱅크사이드(Bankside) 발전소를 새롭게 리모델링한 곳에 들어섰다. 뱅크사이드 발전소는 2차 세계대전 직후 런던 중심부에 전력을 공급하기 위해 세워졌던 화력발전소이다. 영국의 빨간 공중전화 박스 디자인으로도 유명한 건축가 길버트 스코트(Gilbert Scott)에 의해 지어졌으며 공해 문제로 이전한 이후 1981년부터 문을 닫은 상태였다. 영국 정부와 테이트 재단은 템스 강변에 자리하고 있으면서 넓은 건물 면적과 지하철역에서도 가까운 이 발전소를 현대 미술관을 지을 장소로 낙점했으며 국제 건축 공모전을 통해 선정된 헤르조그와 드 뫼롱이 테이트 모던 프로젝트에 참여하게 된 것이다.

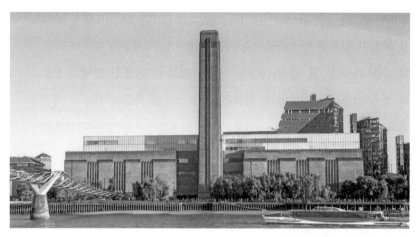

테이트 모던(Tate Modern), 영국
방치돼 있던 발전소를 리모델링해서 만든 현대미술관

약 8년간의 공사 기간 끝에 지어진 건물은 기존의 외관은 최대한 손대지 않고 내부는 미술관의 기능에 맞춰 완전히 새로운 구조로 바꾸는 방식으로 개조되었다. 총 높이 99m, 직육면체 외형의 웅장한 테이트 모던은 모두 7층으로 조성되었으며 건물 한가운데 원래 발전소용으로 사용하던 높이 99m의 굴뚝이 그대로 솟아 있다. 반투명 패널을 사용하여 밤이면 등대처럼 빛을 내도록 개조하여 이 굴뚝은 오늘날 테이트 모던의 상징이 되었다.

미술관 건물 자체만으로 볼거리가 된 테이트 모던은 한해 400만 명 이상의 관광객이 찾는 런던의 새로운 관광명소가 되었다. 이러한 테이트 모던의 성공으로 인해 지어진 것이 테이트 모던 스위치 하우스이다.

2016년 설립된 테이트 모던 스위치 하우스는 테이트 모던의 전시 공간을 확장한 것으로 발전소로서의 이전 형태의 일부 기능을 유지하고 있다. 외부의 내부 벽, 철제 내틀보 및 콘크리트 바닥 또한 20세기 공장의 것을 그대로 유지하였다. 건물은 각각 고유한 특징과 기능을 가진 여러 층으로 구성되어 있다. 건물의 정면은 얇은 수직 창문 그룹으로 구분된 벽돌로 만들어져 있기 때문에 내부에 극적인 조명을 연출하는 데 효과적이다. 터빈 홀은 한때 발전소의 발전기를 저장하는 데 사용되었던 것으로 테이트 모던 박물관의 입구로 변경하였다가 현재는 현대 미술가의 대형 예술 작품을 전시하는 데 사용되고 있다.

발전소의 석유를 저장하는 데 사용되었던 탱크는 이제 대형 전시 공간과 스위치 하우스의 중요한 공간으로 탈바꿈하였다. 테이트 모던 박물관 뒤에는 발전소의 터빈을 운영하는 석유를 보관하는 데 사용되었던 두 개의 대형 콘크리트 챔버가 있었다. 헤르조그와 드 뫼롱은 이 챔버를 공연 공간과 강당으로 바꾸었다. 이들은 내부 공간을 재사용하여 역사적으로 상당히 의미 있는 건축물을 보존하면서도 박물관에 좋은 기능을 제공함으로써 이 오래된 발전소의 특징을 제거하지 않고 유지하며 새로운 기능의 현대 박물관을 만들었다. 박물관과 같은 비산업용으로 적합한 환경을 제공하기 위해 오래된 산업 구조 건물을 재구성하는 것은 쉽지 않다. 그러나 현대 건축가들은 여전히 전통적인 건축물을 현대적인 건물, 전통을 유지한 21세기 건물, 모두를 위한 건물로 변형하여 아르데코 그리고 모더니즘의 혼합을 관리하고 창조하기 위해 노력하고 있다.

오늘날 건축의 신체 이론은 인문학 및 자연 과학에 대한 연구로 뻗어나가며 밀접한 관련을 갖기 시작했다. 이와 더불어 사람들은 건축과 환경 문제 사이의 관계에 더 많은 관심을 기울이고 있다. 과학의 급속한 발전은 끊임없이 현대인에게 신체 반응에 대한 새로운 이해와 정보를 제공하고 있다. 건축 환경은 인간의 건강에 영향을 주는 외적 조건이며 외적 표현으로 간주된다. 건축물에 대한 요구 사항은 다양한 차원으로 연구되고 있다. 이러한 연구를 통하여 건축가는 과거 건축된 건축물에서 햇빛, 공기 순환, 스포츠 공간, 위생적인 환경 등을 분석하여 인간에게 더 좋은 환경으로 바꾸려고 시도하고 있다.

건축물과 인체의 관계

건축은 일상생활에 큰 영향을 미친다. 우리가 거주하는 공간은 우리가 행동하고 느끼는 방식에도 영향을 미친다. 건축가는 사람들이 시간을 보내고 즐길 수 있는 건물과 공간을 만든다. 일부 공간은 조화롭고 안락한 느낌을 주는 반면 일부 공간은 사용자에게 불만을 불러일으키는 매력적이지 않은 공간으로 나타날 수 있다. 공간의 품질은 사용자의 직관적인 체험에 의해 결정된다. 따라서 건축가는 공간의 잠재적인 영향을 읽고 다양한 관점과 각도에서 바라보며 사용자에게 긍정적인 특성이 무엇일까 분석하여 제공해야 한다.

오늘날 건축은 공간과 인체 사이에 비례 관계를 찾고 있다. 건축가는 사람들이 편안함을 느낄 수 있도록 공간을 설계해야 한다. 인체는 공간 측정의 기준이며, 건축의 지각 언어에 영감을 주는 규모와 비율을 정의하는 메타포 또는 상징으로 간주되기도 된다. 그리고 건축은 신체와 환경 사이의 매개체로 정의되기도 한다. 건축은 환경 내에서 작동할 수 있는 능력을 확장하기 때문에 신체를 위한 일종의 매개체 역할을 하는 개념으로 사용될 수 있다. 즉 인간의 몸은 재료, 공간 및 과정을 연결하는 디자인의 기본 개념이라고 결론 내릴 수 있다.

도시에는 일반적인 건축 형태가 있는 반면 신체의 이미지나 유사성을 묘사한 건축물도 있다. 츄미가 건축물을 통해 시간의 흐름에 따른 신체의 변화를 나타낸 것처럼 신체의 율동적인 이미지를 건축물에 담아 도시의 경직된 스카이라인을 의도적으로 시도한 건축물도 있다. 캐나다 온타리오에 소재한 앱솔루트 타워(Absolute Towers)가 그 대표적인 예이다.

앱솔루트 타워는 한 시대를 휩쓴 미국의 인기 배우 마릴린 먼로에게서 영감을 받은 것으로 알려지며 마릴린 먼로 타워라고 불리기도 한다. 베이징의 건축가 마얀송(Ma Yansong)에 의해 탄생한 앱솔루트 타워는 주거용 콘도 트윈 타워로 50층과 56층 높이의 두 개의 탑으로 구성되어 있다. 그는 도시의 스카이라인에 변화를 주기 위해 건축물이 마치 춤추는 것처럼 보이게 구상하였다. 이 건축물은 복잡하지 않은 도시에서 눈에 잘 띄는 랜드마크로서의 역할을 충분히 해내며 신체와 같은 유기적 형태를 도시에 제공하고 있다.

앱솔루트 타워(Absolute Towers), 캐나다

타원형의 바닥이 안팎으로 움푹 들어가면서 각 층이 쌓이며 만들어졌고, 건축물의 상부가 하늘로 솟아오르면서 인간 움직임의 모듈식 리듬을 나타내며 부드럽고 사랑스러운 사람의 움직임을 강조하고 있다. 건물의 뒤틀린 곡선은 도자기의 자연스러운 곡선에서 영감을 받았다고 한다. 발코니는 캔틸레버식으로 타워의 곡선을 따라 매끄럽게 이어지는 평면이며, 여름에는 차양 역할을 하고 겨울에는 태양을 내부로 끌어들이는 역할을 한다. 모든 발코니는 위아래로 연결되어 있고 바람과 햇빛에 노출되도록 설계하였다. 앱솔루트 타워에 사용된 유기적 볼륨은 직접적으로 바람을 맞는 직사각형 건물에 비해 바람의 효과를 더 효율적으로 간소화할 수 있다. 이를 설계한 건축가의 목표는 이 도시의 주민들에게 독특한 경험을 제공하는 것이었다.

자연을 닮으려는
건축

인간의 자연, 본래의 자연

오스트리아 건축가 훈데르트바서(Hundertwasser)의 건축물은 가우디와 유사한 이미지를 갖고 있지만 좀 더 자세히 살펴보면 마치 지층을 나타낸 것처럼 대지의 한 부분을 옮겨 놓은 것 같은 세밀함이 돋보인다. 인간은 자연으로부터 안정감을 얻는다는 취지를 나타내려는 의도가 아닌가 한다. 인간이 자연을 만든다는 것이 가능한 것인가? 우리 또한 자연의 일부지만 자연이 생성한 형태의 웅장함과 다양함은 자연 스스로 살아가는 방법에서 나온 결과물이다.

　도시를 채우고 있는 많은 건축물은 기능을 위한 목적으로 세워졌지만 건축의 궁극적인 목적은 외부와 차단된 공간을 만드는 데 있다. 그렇다면 공간은 반드시 자연과 다른 인위적인 틀을 갖추어야 하는 것인지 의문을 갖지 않을 수 없다. 공간에는 가구를 위한 영역도 필요하다. 만일 규격을 벗어난 공간을 만들어야 한다면 가구와 같은 요소들은 새긴다니 나쁜 행태가 필요하며 가구를 위한 배치도 효율적일 수 없다. 하지만 자연은 서로가 어울리며 공생하고 있다. 그러한 생태의 반복을 통하여 그들만의 틀을 갖추고 있다. 예를 들어 넝쿨은 다른 나무를 타고 올라가 빛을 흡수하고 숲이 우거진 지역은 작은 식물들이 자라지 않으며 빛의 흡수를 위하여 잎의 형태가 다양하게 변화한다. 반면 인간은 자연적인 상황과는 별개로 인간만의 공간을 형성하면서 인간의 자연을 만들어가고 있다. 그래서 인간의 자연과 본래의 자연은 차이가 난다.

그러나 인간의 본능에는 자연을 향한 마음이 있다. 그래서 많은 건축가들이 인간의 욕구를 담아 자연의 형태를 삶 속에 재현하려고 한다. 이는 건축뿐 아니라 다양한 예술 분야에서 시도하고 있는 부분이다. 급속도로 발전하는 사회는 세대 간의 차이를 나타내며 시대에 뒤떨어진 사람들은 더욱 과거를 그리워하는 현상을 빚어내고 있기 때문이다. 이것은 단지 변화된 삶에 지쳐서라기보다 이제는 뒤를 돌아보는 여유가 생긴 것이다. 그 뒤가 바로 안식인데, 이는 아무것도 강요하지 않는 자연의 속성에서 찾을 수 있다. 자연을 파괴하고 이로 인해 인간의 삶이 위협받는 불안감 때문에 자연을 그리워해야 한다는 강요보다는 우리가 어디서 왔는지 다시 돌아보게 되면서 자연스럽게 자연을 그리워하는 것이다. 미술이나 음악 등의 분야는 자연을 느낄 수 있도록 시도하지만 이는 그저 감성에 주는 영향일 뿐 직접적으로 삶에 영향을 주지 못한다는 것을 우리는 안다. 그래서 자연 속에서 사는 느낌만이라도 제공하고자 다양한 시도를 하는 건축가들이 있다. 그렇다면 어떻게 우리는 자연과 함께 살 수 있으며 왜 자연과 함께 살아야 하는가?

인간이 자연의 일부라는 것을 잊은 적이 있다. 이는 산업혁명 이후이다. 과거 대부분의 물건을 자연에서 습득하던 시절에는 자연의 소중함을 알고 있었으나 산업혁명 이후 풍족해진 문물이 자연을 잊게 하였다. 산업은 아직도 자연에서 많은 광물을 구하지만 이는 자연을 더욱 황폐하게 만드는 요인이 되었으며 산업이 무너지지 않는 이상 다시 자연으로 돌아갈 방법은 없다. 자연, 산업 그리고 인간이라는 단계로 우리와 자연 사이에 산업의 경계가 무너지는 것은 이미 산업 문명에 익숙해진 인간에게 어려운 일이다. 친환경을 요구하는 현대에 들어 인간이 자연의 동굴과 같은 공간에서 살 수 있지 않을까 하는 생각은 상상을 넘어 실제 건축물로 구현되고 있다.

이와 같은 건축물의 유형은 두 가지로 시도되고 있다. 하나는 자연에 주는 피해를 줄이는 방법을 시도한 건축물이고 다른 하나는 자연을 닮은 건축물이다. 과거에는 건축물이 자연 파괴의 주범 중 하나로 인식되지 않았다. 당시에는 인구도 적었을 뿐 아니라 필요한 공간의 종류도 다양하지 않았기 때문이다. 그러나 인구 증가는 더 많은 주택과 다양한 목적의 공간을 요구하기 시작했으며 더 많은 에너지 소비를 요구했다. 이는 곧 탄소 증가의 원인이 되었다. 가정과 사무실에서 발생하는 폐기물 처리는 사회 문제로 떠올랐으며 폐수, 쓰레기 등의 배출물은 환경을 손상시키고 폐기하는 데 많은 기하학적인 비용을 요구하고 있다. 그래서 건축가들은 탄소 발자국을 줄이기 위한 일환으로 전력을 자생적으로 공급받거나 적어도 부분적이나마 재생에너지로 커버운 ᄉᄆ빈는 신물을 만들기 위해 노력하고 있다. 이러한 건물을 사용함으로써 전기 및 기타 유틸리티 비용을 절약할 수 있으며, 이는 시간이 지남에 따라 자본으로 되돌릴 수 있기 때문이다. 지금 아이들의 미래와 미래 지구의 건강에 투자가 필요함을 깨닫고 전기, 폐수, 건축 재료 등 탄소 발생 원인이 되는 것을 줄이려는 노력이 이어지고 있다. 그러나 환경 파괴의 속도에 비해 이러한 노력은 여전히 초기 단계라는 것은 심각한 일이다.

건축물은 아름다워도 자연만 못하다

건축물이 우리 역사에 등장한 기간은 짧지 않다. 초기의 건축물은 단순히 인간의 삶에 물리적인 기능을 하는 데 중점을 두었다. 외부가 추울 때 내부는 따뜻하고 외부가 더울 때 내부는 시원하여 휴식을 취할 수 있도록 하는 기능이었다. 하지만 점차 인간의 삶 속에서 일어나는 많은 일들을 무난하게 작업할 수 있는 기능을 요구하게 되었다. 이러한 목적으로 건축물이 등장한 것은 6,000년이 넘었다. 그렇다면 우리의 삶을 영위해 나가는 데 건축물이 여전히 부족한지, 인간이 건축물에 궁극적으로 원하는 것은 무엇인지, 건축물 설계의 끝은 없는지 생각해보아야 한다. 다른 분야는 형태뿐 아니라 기능 면에서도 과거와 많은 차이를 보일 만큼 달라졌는데 건축물은 형태에서 시기별로 큰 차이를 보이지 않고 있다. 그렇다면 건축가들은 그동안 무엇을 한 것인지, 이들에게 변화는 없었던 것인지 등의 의문을 가질 수 있다. 그러나 이 의문의 초점을 인간의 변화에 맞춘다면 달라질 것이다. 이해를 돕기 위해 동식물의 집을 인간의 건축물과 비교한다면 오히려 인간의 건축물보다 동식물 집의 변화가 더 적었다. 이는 다른 물질에 비하여 건축물은 공간이라는 특성이 있고 이 공간은 신체가 날씨와 외부 위험으로부터 보호되어야 한다는 기준이 있다. 즉 건축물 자체의 발달보다는 위험이나 다른 요인의 변화에 반응한 결과이다.

자동차의 경우에는 주차장의 크기, 도로의 폭, 그리고 자동차 내부에 장착되는 부속품의 변화에 반응하고 전자기기 같은 경우에는 기술의 발달에 영향을 받는다. 과거의 컴퓨터는 본체와 모니터가 가정집에서 수용하기 어려울 만큼 거대했지만 지금은 갖고 다닐 수 있을 만큼 소형화되었다. 그러나 건축물의 경우에는 인간의 신체와 활동, 선호하는 취향에 영향을 받는다. 물론 기술의 영향을 받을 수도 있지만 과거 건축물의 재료가 목조와 석재였던 것이 유리 또는 철재로 변화된 것일 뿐 건축물의 크기와 형태에 영향을 주지는 않았다.

건축물의 변화가 크지 않았던 가장 큰 이유는 바로 인간의 요구 사항이다. 건축물을 감상하는 방법은 3가지가 있는데 육체적, 감성적, 그리고 지성적인 방법이다. 여기서 육체적인 부분에 건축물이 완벽한 해결책을 제시하지 못했다. 이는 건축물 자체의 문제가 아니라 외부 환경에 대한 이유로 건축물이 해결할 수 있는 것이 아니다. 그래서 다른 분야의 기술과 설비의 힘을 빌려 해결하고 있다. 이러한 설비의 발달은 건축물 자체가 해결하지 못한 취약 부분에 가능성을 제기하면서 육체적인 부분이나 감성적인 부분이 먼저 발달하고 있다.

과거 산업혁명과 함께 새로운 지도층이 등장하는데 이들이 바로 상인 계급이었다. 이들은 권력은 없지만 부(富)라는 새로운 경제원리를 내세우면서 권력의 또 한 축을 형성해 가고 있었다. 사회의 주체가 소수에서 다수로 바뀌는 과정에서 변화의 물결이 빨라진 것이다. 이러한 변화 속에서 육체적인 욕구가 점차 해소되면서 감성적 본능이 살아나기 시작했다. 감성적인 부분은 곧 예술과 관계가 있다. 인간은 기본적으로 예술적이고 이성적인 생물이다. 그러나 먹고사는 문제로 인해 이러한 감성이 억제된 측면이 있다. 육체적인 해방은 더 좋은 삶을 추구하는 인간에게 정신적인 해방을 찾게 했다. 이 시기에 등장한 사람이 바로 루소와 칸트이다. 이 둘은 상반된 이론을 내세웠지만 인간의 잠재된 감성을 깨우는 데 둘 다 중요한 역할을 했다. 루소는 자연으로 돌아가자고 외치고 이성주의에 반대했다. 루소가 자연으로 돌아가는데 가장 걸림돌로 생각했던 것은 건축물이었다. 아마도 두꺼운 벽과 어두운 공간이 인간의 본질을 침해한다고 생각한 모양이다. 그래서 루소는 건축물을 혐오했다. 칸트는 루소와 반대로 이성주의를 외쳤다. 그는 권력자들이 피지배자들을 유순하고 어리석은 가축으로 여긴다고 생각했다. 피지배자들에게는 이성이 없고 지식이 없는 것으로 치부했던 것이다. 그래서 그는 계몽주의를 전파하였는데 이 사상을 집약한 단어가 바로 '사페레 아우데(Sapere Aude, 과감하게 지식을 추구하라)'였다.

그는 평등한 권리와 개인의 자유를 주장했는데 여기서 자유란 육체적인 자유뿐 아니라 이성적인 자유도 의미한다. 이러한 내용이 건축과 어떤 관계가 있는가? 범죄자들이 있는 공간은 물리적인 제한을 둔다. 그리고 그들은 이러한 제한을 받아들인다. 여기서 중요한 것은 그러한 공간에 갇힌 자들이 그 상황을 받아들인다는 것이다. 그러나 일반인들은 그렇지 않아야 한다. 칸트는 수직적인 사회에서 일반인들이 정신적으로 감옥에 갇혀 있다고 여겼고, 그 원인을 교육과 지식의 부족함으로 보았다. 크게 보면 루소의 자연주의도 마찬가지이다. 문명이 주는 혜택들이 모두 일반인을 구속하는 권력자의 미끼라고 생각했기 때문이다. 즉 문명 자체를 부정했다기보다는 늘 부족하게 제공하는 권력자들의 올무에서 해방시키고자 한 의도였던 것이다. 이러한 운동은 효과가 있었다. 프랑스에서 시민혁명이 일어나고 왕정이 무너졌으며 수직적 사회는 수평적 사회로 변화해 갔다. 여기서 인간은 육체적인 만족뿐 아니라 정신적인 깨달음도 요구하게 된 것이다.

아일랜드 시인이자 극작가 오스카 와일드(Oscar Wilde)는 "자연이 편안했다면 인류는 결코 건축을 발명하지 않았을 것이다"라고 말했다. 이는 건축이 필요한 이유라고 해석할 수도 있지만 자연이 편안하다면 건축이 필요하지 않다는 의미로 해석할 수도 있다. 와일드는 왜 건축을 자연과 비교했을까? 모든 생물은 자연에서 출발했다. 단지 인간은 오랜 시간에 걸쳐 문명을 만들면서 자연과 분리된 사고를 갖게 된 것이다. 이탈리아계 미국의 언어학자 마리오 페이는 "좋은 건축은 자연을 받아들인다"라고 했다. A가 B를 받아들인다는 것은 A와 B가 차이가 있거나 B에 더 장점이 있기 때문일 것이다. 건축이 자연을 받아들인다는 의미는 건축이 갖고 있지 않은 점을 자연이 갖고 있다는 뜻이다. 그래야 좋은 건축이 될 수 있다는 뜻일 것이다.

좋은 건축이란 무엇일까? 포스트모더니즘의 대표적인 건축가인 필립 존슨의 최초 작품이자 그의 집인 글래스 하우스에는 모더니즘 건축가들이 사용하는 표현이 그대로 들어 있다. 이 집에는 자연과 건축물의 경계선이 없다. 즉 건축물의 공간에 자연 그대로를 집어넣은 것이다. 이 글래스 하우스는 미래의 건축이 나아가야 할 방향을 제시하고 있다.

필립 존슨의 글래스 하우스(Glass House), 미국

자연과 공유하는 건축물

프라이스워터하우스쿠퍼스는 런던에 있는 다국적 회계 감사기업으로, 이 기업의 건물은 런던에서 가장 친환경적인 건축물 중 하나로 꼽힌 다. 대부분의 건축물은 중앙에서 조명과 온도를 제어하는 반면 이곳은 각 개인이 조정할 수 있는 통합 IT시스템을 갖추고 있다. 중앙에 빛을 투과시켜 내부를 충분히 밝히는 데 이용하고 환기시스템의 운영으로 탄소 발생을 줄이고 있다. 영국의 대표적인 건축가 노먼 포스터가 설계한 이 건축물은 그의 설계 스타일인 심플하고 부정형적인 원과 수직 적인 요소를 잘 보여주고 있다. 가장 주목할 점은 에너지 감축에 있어 서 선도적인 역할을 하고 있다는 것이다.

노먼 포스터가 설계한 또 하나의 주목되는 건축물은 모스크바의 다 용도 건축물인 크리스털 아일랜드(Crystal Island)이다. 2009년에 계획이 중단되었지만 준공되면 지구상에서 가장 큰 바닥 면적(약 75만 평)을 갖 게 된다. 이 건축물의 특징은 모스크바의 여름과 겨울 온도를 감안하 여 두 개의 막을 만들었다는 것이다. 여름에는 막을 개방하고 겨울에 는 닫음으로써 온도 손실을 막을 수 있다. 여기에 주목할 만한 점은 현장에서 재생 가능한 저탄소에너지를 생성하도록 만들었다는 것이 다. 태양판과 풍력 터빈을 이용하여 자체적인 전력 수급을 돕도록 설 계되었다.

프라이스워터하우스쿠퍼스(Pricewaterhouse Coopers), 영국

디자인이 아름답다고 여기는 것은 개인적인 기준이다. 여기에서 아름답다는 기준은 행위이다. 전 세계 에너지의 3분의 1을 건축물이 사용하고 있다. 이는 현재 상황이다. 앞으로 더 많은 사람들이 도시로 이주하고 개발도상국이 계속 현대화된다면 건축물이 사용하는 에너지 소비는 지금보다 더 늘어날 것이다. 이렇게 건축물이 지구에 끼치는 피해는 자연이 지구에 주는 피해와 비교할 수 없다. 이런 이유에서 건축물은 자연보다 아름답지 못하다. 인간이 공간을 버리지 못하는 것은 이기심 때문이 아니라 인간이 갖고 있는 약점 때문이다. 약점을 보완하기 위하여 지구에 악영향을 끼치는 행위는 옳지 않으며 이는 모두 에너지 사용에서 비롯된 것이다. 따라서 효율적인 에너지 사용이 가능하며 지구를 파괴하지 않는 최적화된 품질의 건설을 강구해야 한다. 선진국에서는 이미 건축물의 제로에너지 인증제도를 만들어 이를 추진하고 있다.

인간이 자연을 닮은 건축물을 만들어보고자 노력하지만 이는 허구이다. 인간의 욕심을 놓지 않으려는 제스처일 뿐 이미 지구는 많이 병들었다. 건축물은 이에 책임이 크며 앞으로도 계속 심각해질 것이다. 친환경적인 시도로 건축물의 제로에너지 인증제도를 도입하려고 노력하지만 이는 아직 소수에 해당한다. 익숙한 물질문명의 혜택을 포기할 사람은 없다. 아마도 건축에 대한 친환경 제도가 전 국가에 강력한 시스템으로 자리 잡기도 전에 지구가 먼저 망가질지 모른다.

건축가 시저 펠리의 작품으로 2013년에 샌프란시스코에 세워진 트랜스베이 타워(The Transbay tower) 터미널은 버스에서 발생하는 이산화탄소를 밖으로 배출시키지 않고 건축물 자체가 흡수하여 처리한다. 지붕에 놓인 풍력 터빈이 공기 순환을 담당하며 태양열을 제어할 수 있도록 차양이 설치되어 있다. 이렇게 차별화된 건축물과는 별도로 도시 하나를 친환경적으로 설계하는 곳도 있다. 영국 건축회사 포스터 앤 파트너스(Foster and Partners)가 설계한 마스다르 시티(Masdar City)는 태양 에너지와 기타 재생 가능한 에너지원에 의존하는 친환경 도시로 아랍에미리트 아부다비에 진행 중인 프로젝트이다. 계획에 의하면 이 도시에는 45,000명에서 50,000명의 인구가 상주하게 되며 1,500개의 사업체가 들어서게 된다. 주로 친환경 제품의 생산과 공급을 전문으로 하는 상업 및 제조 시설이 들어설 것이다. 마스다르 시티는 효율적인 물 사용을 설계에 적용하여 이를 위해 물을 재활용할 계획이다. 빗물 수집 계획을 채택하고 응축수를 수집하며 허용 가능한 폐수를 다시 사용할 것이다. 식수를 절약하기 위해 이곳에 거주하는 사람들에게 이러한 행동 변화를 장려할 것이다. 이 도시는 2009년에 완공 계획이었으나 재정적인 문제로 2030년도 완공을 목표로 하고 있다. 이 도시에는 인간이 포기할 수 없는 것과 자연이 포기하지 못하는 것을 공유하는 상징의 의미가 담길 것이다.

트랜스베이 타워(The Transbay tower), 미국 샌프란시스코

마스다르 시티(Masdar City), 아랍에미리트 아부다비

자연을 닮은 건축물

1993년 비엔나에서 한 남자가 벌거벗은 상태로 '자연과의 평화조약'이라는 선언문을 읽었다. 그를 모르는 사람들은 이상한 사람으로 취급했지만 비엔나에서는 그의 선언문이 처음이 아니었고 그가 선언문을 읽을 때는 나체 상태라는 것을 알고 있었기에 이상하게 여기지 않았다. 그가 스킨론을 공표할 때도 나체 상태였다. 그의 스킨론을 살펴보면 인간을 보호하는 층을 총 5개로 나누고 있다. 첫째는 진짜 피부, 둘째는 입고 있는 의복, 셋째는 살고 있는 집, 넷째는 사회, 다섯째는 지구 즉 환경이다. 하지만 인간은 첫 번째인 피부만 의식할 뿐 나머지는 의식하지 못하고 있다. 우리를 보호해 주는 제3의 피부가 집이라고 주장한 그는 건물을 세우기 위해 빼앗은 식물의 공간을 다시 되돌려주어야 한다고 생각했다. 그래서 그는 건물 주위에 식물을 많이 심었고 이는 후에 옥상정원의 아이디어로 발전했다. 이러한 그의 의도를 알기에 그의 벗은 몸은 정당화되었다.

1. 우리는 자연과 의사소통을 위해 자연의 언어를 배워야 한다(자연과의 소통).
2. 우리는 열린 하늘 아래 수평한 모든 것(지붕이나 길)은 자연에 속한 것이라는 원리에 따라 인간이 무단으로 점유하고 파괴했던 자연의 영역을 돌려주어야 한다(자연의 영역 환원).
3. 자연발생적인 식생에 대한 관용을 가져야 한다(자연에 대한 관용).

4. 인류의 창조와 자연의 창조는 재결합되어야 한다. 이들의 분리는 자연과 인간에게 비극적인 결과를 초래했다(자연과의 재결합).

5. 자연의 법칙에 조화되는 삶을 살아야 한다(자연과의 조화).

6. 우리는 단순히 자연의 손님일 뿐이며, 그에 따라 행동해야 한다. 인간은 지구를 파괴해 온 가장 위험한 기생자이다. 인간은 자연이 재생할 수 있도록 자신의 생태적 위치로 돌아가야 한다(자연의 재생).

7. 인간 사회는 다시 쓰레기 없는 사회가 되어야 한다. 자신의 쓰레기를 재활용하는 사람만이 죽음을 삶으로 변화시킨다고 말할 수 있다. 왜냐하면 그들은 순환을 존중하고 생명이 재생하여 지구에서 계속될 수 있도록 하기 때문이다(자연의 순환).

- 훈데르트바서의 '자연과의 평화조약' -

그의 이름은 훈데르트바서(Hundertwasse)로 오스트리아의 건축가이자 화가이며 환경운동가이다. 그는 1980년부터 "자연과의 평화 협상은 조만간 시작되어야 한다. 그렇지 않으면 너무 늦을 것이다"라고 상기시켰다. 그는 특이한 사람으로 보였다. 그가 특이한 사람으로 보였다는 것이 우리에게는 슬픈 일이다. 왜냐하면 그의 말을 듣지 않은 지금 자연의 복구를 위하여 엄청난 비용을 지불해야 하는 상황이 되었기 때문이다. 당시에는 그가 말한 선언문을 우리가 이해하지 못했고 지금에 와서야 그의 주장이 옳았다는 것을 깨달았을 뿐이다.

그의 건축물에는 뚜렷한 특징이 있다. 대부분의 건축물은 지평선 위에 존재하지만 그의 건축물은 지평선의 연속성을 유지하려 노력하였고 자연으로부터 빼앗은 대지를 돌려주려는 의도가 담겨 있다. 그는 자연에는 직선이 없으며 직선은 부도덕하고 인간성의 상실로 이어진다고 생각했다. 그의 작품에서 직선은 개구부와 돔과 같은 최소한의 요소에만 적용됐다.

이렇게 자연을 닮은 건축물을 나타내려는 건축가는 많지 않지만 계속 맥을 이어오고 있다. 가우디가 그렇고 훈데르트바서가 그렇고 아르누보 예술가들이 그렇다. 곡선은 곧 살아있는 것의 상징이며 생동감을 표현하는 것이다. 그러나 그의 의도와는 다르게 인간은 편안함을 포기할 수 없기에 자연을 닮은 건축물은 그저 특이한 형태로 명맥을 이어오고 있을 뿐이다. 하지만 이것만은 꼭 알아두어야 한다. 자연을 닮은 건축물이 인간에게 긍정적으로 작용할지는 몰라도 자연을 닮은 것과 본연의 자연은 완전히 다르다.

훈데르트바서의 에센 그루가 공원(Essne Gruga park), 독일

훈데르트바서의 훈데르트바서하우스(Hundertwasserhaus), 오스트리아 빈

사 람   공 간   건 축

Part 03

인간과
공간의 교류

01

공간에 자유를,
주거에 변화를

공간의 자유와 인간의 자유

모든 생물은 동등하다. 하지만 인간은 자신의 영역에 대해 이기적이
었다. 인간은 자연이 제공하는 혜택보다는 자연으로부터 자유로울 수
있는 위치를 고민하기 시작했으며, 그 결과 자연으로부터 완전히 분리
된 공간을 선택해 벽을 쌓았다. 벽은 시야가 더 이상 가지 못하는 영역
이다. 여기에서 시야란 눈의 의미보다는 사고의 의미에 가깝다. 곧 보
지 못하면 생각하지 못한다는 것이다. 인간은 동굴에서 나와 벽을 쌓
기 시작하면서 자연을 보지 못하게 되었다. 이것은 자연의 존재를 잊
었다는 의미가 아니라 자연의 중요성을 잊게 되었다는 의미다. 과거
자연에서 모든 것을 취했던 생활은 산업의 발달로 변화했다. 산업체의
역할에 더 무게를 두기 시작한 것이다. 그러나 우리의 출발은 자연이

126 | 사람 공간 건축

다. 인간의 심리 한 부분에는 늘 무엇인가 부족함을 갖고 있는데 그것은 자연에 대한 동경이다.

자연은 우리 정체성의 이정표이다. 그래서 사람들의 심리는 자연을 향하고 있지만 자연과 멀어지면서 점차 그 동경의 목적지가 어디인지 잊어가게 된 것이다. 그러나 일부 건축가들은 그 동경의 목적지를 끊임없이 찾아다녔으며 그것이 바로 공간에 자유를 주는 것이라고 생각했다. 인간은 결코 공간을 떠나서 살 수 없다. 이로 인해 공간의 자유는 바로 인간의 자유임을 알게 되었다. 자연을 가질 수는 없지만 자연을 바라보게 만들 수는 있다. 그것은 바로 벽을 허무는 것이다. 벽은 곧 시야의 끝이고 시야는 곧 정신이기 때문이다. 공간에 자유를 주려면 자연과의 분리를 먼저 허물어야 했다. 이제 공간의 자유는 공간을 만드는 사람들의 오랜 염원이 되었고 이를 현실로 이루기 위한 시도가 시작되었다. 이들은 체계와 규칙, 그리고 재료의 한계 안에서 공간에 자유를 주고자 오랜 시간 노력하고 있다.

건축가 브루노 제비는 "건축의 주인공은 공간"이라고 말했다. 그러나 공간은 스스로 존재하는 것이 아니고 수동적이며 정해진 형태를 갖고 있지 않다. 우리는 이 일정한 형태를 갖고 있지 않은 공간을 일정한 형태로 만들기 위해 노력한다. 이 노력이 공간에 자유를, 곧 인간에게 자유를 주는 방법이고 자연에게 가까이 가는 방법이라고 생각하기 때문이다. 자연은 3차원이고 건축은 2차원적인 표현이다. 루이스 칸의 표현처럼 눈으로 보는 것이 아니고 깨달음을 통한 전달이기 때문에 그 의미는 언제나 형태라는 문장을 통하여 전달된다. 그는 가장 좋은 건축물은 자연이 주는 빛과 공기를 담고 있어야 한다고 주장했다. 건축물은 빛이 비출 때 비로소 그 형태가 드러난다고 믿었기 때문이다.

공간은 진짜 존재하는가? 공간은 언제부터 그 존재가 분명해지는가? 건축물의 밖에서 건물을 바라보고 있을 때 우리는 그 안에 공간이 있을 것으로 추측한다. 특히 공간의 개구부가 적을수록 그 개념은 더욱 확실하다. 이것은 소유욕이다. 애초부터 공간은 존재하지 않았고 우리가 벽을 쌓으면서 공간은 주변의 환경과 분리가 되어 생겼을 뿐이다. 본래 진정한 공간은 우주밖에 없다. 인간을 자연환경으로부터 보호한다는 취지하에서 공간을 빌린 것뿐이다. 따라서 완전한 공간의 자유는 벽을 허무는 것이고 원래의 상태로 되돌아가는 것이다. 이것은 곧 무소유의 원칙이다. 아무것도 소유하지 않으려고 할 때 우리는 진정한 자유를 얻을 수 있다. 공간을 포기할 때 우리는 진정 넓고 거대한 공간을 갖게 되는 것이다. 이것이 해체다. 마음을 해체하고 공간을 바라보면 공간이 보인다. 그러나 해체를 위해서는 먼저 구성이 있어야 한다. 구성이 있어야 우리는 해체할 것을 갖기 때문이다. 이것이 교육이 할 일이다. 그들이 학교에서 배우는 것은 구성이며 그들이 학교를 벗어날 때 우리는 그들에게 자유를 주어야 한다. 자유는 구속에서 시작한다. 완전하게 구속된 자가 완전하게 자유로울 수 있다. 하중은 구조를 붙잡지 않고 벽은 공간에서 자유로워지며 재료는 루이스 칸으로부터 자유로워지고 공간은 아무것도 취하지 않으며 형태는 자기를 주장하지 않으면 다 버릴 수 있다. 그리고 우리가 자리를 떠나면 그 자리에는 아무것도 없다.

근대 건축에서 다른 건축가와 가우디의 차이는 장식에 대한 견해를 다르게 보았다는 것이다. 일반적인 건축가들이 장식에 대한 부분을 과거와 다르게 보이고자 할 때 가우디는 건축물 자체를 자연 속 하나의 장식으로 보았다. 그래서 그의 건축은 그 자체가 환경에 대한 장식이었다. 그에게 있어서 공간이란 자연에 대한 장식으로 꾸며지면서 만들어진 허공이었다. 그의 이러한 시도는 공간에 대한 견해의 범위를 넓혀 주었고 자유의 방향이 어디로 향하고 있는가를 제시하는 역할을 했다. 이러한 관점의 차이가 바로 지금의 현대 건축과 근대 건축, 그리고 중세의 건축을 구분 짓는다.

'기능은 형태를 따른다'와 '형태는 기능을 따른다'라는 두 개의 표현이 갖고 있는 공통점은 기능과 형태이다. 당시는 이러한 기준이 필요했던 시기이다. 장식이라는 개체에 대한 역할이 분명하지 않았기에 차이에 대한 경계가 명확했다. 하지만 이러한 경계는 진정한 자유를 주지 못했다. 우리는 왜 자유롭기를 원하는가? 그리고 그 자유라는 것은 무엇인가? 구속은 애초부터 존재하지 않았고 자유만이 있었다. 어느 순간 자유에서 우리가 멀어졌으며 그 자유가 어딘가에 존재한다는 것을 느끼기 시작했다. 그렇다면 무엇으로부터 우리는 자유로워지기를 원하는가? 우리가 왜 자유롭기를 원하는지에 대해 묻기 전에 이 질문에 대한 답이 선행되어야 한다. 모든 것을 취하려는 인간의 이기심에 자연은 우리에게 묻는다. 자유와 욕심, 그리고 행복은 어떤 차이가 있는가?

건축물은 인간이 만든 것이다. 새집은 새가 만든 건물이고 개미집은 개미가 만든 건물이다. 자연에게는 크게 다르지 않다. 그러나 인간은 스스로 다른 건물과 차별화된 의미를 얻으려고 노력한다. 그것까지는 자연이 수용할 수 있다. 그러나 다른 생물이 지은 건축물은 자연의 섭리를 따르며 하는 반면 인간의 건축물은 인간의 섭리를 따르려 하고 있다. 새집도 자연의 영역에 지어졌고 개미집도 자연의 영역에 지어졌으며 인간의 건축물도 자연의 영역에 지어졌다는 것을 우리는 깨달아야 한다. 수천 마리의 새가 동시에 우리의 영역으로 날아오고 수만 마리의 개미가 일시에 우리의 영역으로 들어오면 우리는 공포를 느낄 것이다. 그러나 그들은 그러지 않는다. 그들은 그들의 영역을 지키며 살고 있다. 그러나 인간은 많은 수가 그들의 영역으로 들어갔다.

내부와 외부라는 관념

건축물의 공간이 어떻게 구성되든 내부와 외부를 구분하기 위해 필요한 것은 건축 재료이다. 미적인 기준은 제쳐두고 재료는 외부와 내부를 완벽하게 분리해야 하는 역할이 있다. 여기서 완벽한 분리란 영역의 분리만을 의미하는 것은 아니다. 온도의 분리, 소음의 분리, 그리고 필요하다면 시각적인 분리도 가능해야 한다. 외부와 내부라는 의미는 명확하지만 때로 그렇지 않을 수도 있다. 이 의미는 동양과 서양이 큰 차이를 보이고 있다. 특히 한국의 건축에서 외부와 내부는 명확하지 않고 단계별로 진행되는 반면 서양은 이 구분이 동양보다 뚜렷하다.

우리나라의 한옥을 살펴보면 공간(각 방)이 있고 마루가 있으며 마당이 있고 담장과 담장 밖이 있다. 여기서 방과 같은 곳은 내부가 맞다. 그렇다면 마루는 내부인가? 마당은 담장에 둘러싸여 있다. 그렇다면 마당은 내부인가? 건축물이 단순히 내부와 외부를 구분하는 역할을 하지만 우리의 마음속은 그보다 더 섬세하게 공간의 작용에 반응한다. 마루는 방에서 보았을 때 외부이다. 그러나 마당에서 보았을 때는 내부이다. 마당 또한 방이나 마루에서 보았을 때 외부이다. 그러나 담장 밖에서 보면 내부이다. 즉 외부인이 아무나 들어갈 수 있는 곳이 아니다. 이렇게 내부라는 것은 그 영역 소유자의 허락을 받아야 하는 장

소이다. 이것이 우리 공간의 성격이다. 우리의 공간은 내부와 외부가 직접적으로 만나지 않고 단계적으로 펼쳐진다. 상반되는 성격이 공존하는 곳이니, 이것이 바로 태극의 상징인 어울림이다. 직선적이지 않고 부드러우며 공격적이지 않은 친절한 흐름을 갖고 있다.

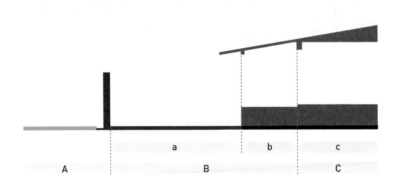

내부와 외부 사이의 연결로서 베란다(b)와 정원(B)

위의 그림에서 어디까지를 외부 또는 내부로 볼 것인가 생각해 볼 수 있다. 물리적으로는 a가 외부이다. 그러나 바닥으로 보면 B가 진정한 외부이다. 대지 소유자의 입장에서 보면 A가 외부이다. 이러한 구분이 우리의 생활에서 왜 필요한가? 바로 심리 상황이다. 비록 건축 재료라는 물리적인 작용에 의하여 영역이나 공간이 구분되었지만 우리의 심리 상태가 받아들이는 공간 개념은 많이 다르다.

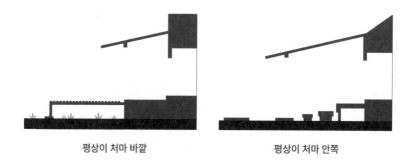

평상이 처마 바깥   평상이 처마 안쪽

위의 두 그림을 보면 처마가 평상을 얼마나 덮고 있는가에 따라 바닥의 내부 면적이 다르게 느껴진다. 이처럼 공간의 내부를 결정하는 것은 바닥이 아니라 지붕이다. 그래서 건축물 면적 산정 기준도 바닥을 덮고 있는 덮개(지붕)를 기준으로 한다.

기원 100년 전에는 내부와 외부의 구분이 명확했지만 단순히 외부에만 신경을 썼다는 것을 알 수 있다. 이는 기술적인 문제도 있었지만 당시에는 건축물이 권력이나 종교적인 상징성을 띠고 있었기 때문이다. 그러나 점차 사회가 발달하면서 내부에도 신경을 쓰기 시작했다. 소위 인테리어에 관심을 갖게 된 것이다. 그러나 내부와 외부의 구분은 여전히 명확하였다. 그러던 것이 근대에 들어 기술과 건축 재료의 발달로 다양한 건축물을 시도할 수 있게 되면서 내부와 외부의 구분이 무너지기 시작했다. 이에 대한 의미를 이해하려면 건축에 대한 지식이 필요하지만 근본적인 이유는 갇힌 공간에서 자유롭고자 하는 인간의 의지가 표출된 것이다.

초기 건축 공간인 동굴에서 출발하여 인간은 공간에서 자유롭지 못함을 깨닫게 되었다. 그래서 건축 공간의 목적은 이제 '자유'가 되었다. 공간 내에 있으면서 공간 내에 있지 않는 방법을 찾고 있다. 여기서 공간을 구성하는 요소를 살펴보자. 공간을 만들기 위해서는 바닥, 벽, 그리고 지붕이 필요하다. 그러나 바닥과 지붕은 우리의 시야를 가리지 않기 때문에 공간의 한계를 주는 직접적인 요소로 생각하지 않을 수 있다. 우리의 심리에 직접적인 영향을 주는 것은 벽이다. 그래서 건축가는 오랜 역사 속에서 벽과의 싸움을 해 왔다.

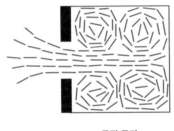

동적 공간

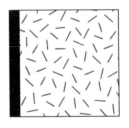

정적 공간

위의 두 공간은 같은 면적이다. 그러나 좌측 공간이 더 넓게 보이는 이유는 개방된 동적 공간이기 때문이다. 벽면이 더 오픈될수록 공간의 한계는 사라지고 더 넓어진다. 정적 공간은 4면이 폐쇄되어 있어 좁은 느낌을 받는데 이는 심리적인 효과 때문이다. 이렇게 같은 공간이라도 공간의 성격에 따라 받는 느낌은 다르다. 과거에는 기술과 재료의 한계로 심리적으로 개방된 느낌을 건축에 시도하기가 어려웠지만 이제 물리적인 한계를 재료로 풀어보려는 시도가 전개되고 있다.

사고의 전환

과거에는 모든 벽이 모서리에서 만나야 한다고 생각했다. 그러나 재료와 기술의 자유는 곧 사고의 전환을 가져왔다. 공간과 벽의 시작이 반드시 동일하게 시작해야 할 필요가 없음을 깨달은 것이다. 이러한 사고는 곧 공간에 자유를 불어넣게 되었고 이것이 공간 내에서 인간의 자유와 연결된다. 이러한 사고의 전환을 보여주는 건축물이 바로 독일 건축가 미스 반 데어 로에(Mies Van der Rohe)가 1923년 설계한 전원주택이다. 그는 모든 벽이 독립 개체로 존재할 수 있도록 자유를 주었고 심지어 하중도 자유롭게 만들고자 공간을 빠져나간 자유로운 벽을 만들어 냈다. 벽들이 자유롭게 서 있고 벽과 벽 사이는 유리로 연결하여 벽이 없는 벽을 만든 것이다.

건축의 역사는 아주 길다. 그렇다면 건축가는 왜 이렇게 오랜 시간 설계를 이어온 것인가? 설계의 목적과 끝은 어디인가? 인간은 아직도 만족할 만한 건축물을 얻지 못한 것인가? 인간은 동굴에 들어서면서 나오고자 하는 의지 또한 가졌을 것이다. 이것이 건축가가 우리에게 주어야 하는 의무이며 목적이다. 건축가는 사람들을 동굴에서 나올 수 있도록 해야 한다. 이러한 설계의 끝에 탄생한 메시지가 바로 필립 존슨의 글래스 하우스이다. 그는 건축의 완전한 자유를 위하여 벽이 사라진 동굴을 만들었다. 그의 주거용 주택인 글래스 하우스는 내부와 외부의 경계를 완전하게 허문 건축물로 평가된다.

건축 공간은 다양한 건축 재료에 의하여 만들어진다. 그러나 공간의 본질은 그것이 전부가 아니다. 공간이란 자연 속에서 생활하는 인간을 기후와 맹수로부터 보호할 목적으로 시작되었지만 오랜 시간을 공간 속에서 생활해야 하는 인간의 존재에 대한 정체성을 부여하는 중요한 요소로 떠올랐다. 이러한 욕구는 공간을 구성하는 물리적 행위에서 시작되었지만 그 행위는 과정일 뿐 인간은 공간 안에서 행복, 평안, 화목 등 정신적인 것을 요구한다. 그리고 공간이 폐쇄될수록 이러한 욕구는 오히려 불충족된다는 것을 깨달았기에 점차 자연으로 더 다가가려는 희망을 갖는다. 건축가들은 사람들의 이런 희망을 완성하기 위해 오랜 시간 설계를 하고 있는 것이다. 이것이 설계의 목적이자 끝이다.

안도 타다오(Ando Tadao)의 물 위의 교회(Chapel on the water), 일본

인간과 공간은
서로에게 영향을 준다

사람은 건축물을, 건축물은 사람을 만든다

건축가들은 다양한 공간을 설계하고 만들지만 우리에게는 아직 무엇인가 부족하다. 이를 건축물에서 찾기 위해 오랜 역사를 통해 시도하였지만 설계는 아직도 진행 중이다. 이는 건축물을 물리적인 기능과 구조적인 면에서만 다루었기 때문이다. 사실 물리적인 부분에서 건축물은 과거보다 질이나 형태, 그리고 기술적인 면에서 비교할 수 없을 만큼 발전해 왔다. 그런데 필립 존슨의 글래스 하우스는 오히려 과거보다 더 간단하다. 이는 건축물의 형태, 재료 그리고 구조에 인간의 원초적인 욕구를 담지 않았음을 보여준다. 인간이 느끼는 희로애락은 육체적인 부분보다 정신적인 부분에 더 큰 영향을 미친다. 건축물의 디자인과 재료는 기쁨과 실망의 원인이 될 수 있다. 물론 건축물이 갖고 있는 기본적인 기능을 만족시켰다는 전제하에서다. 주택이 크고 화려하다고 반드시 좋은 것은 아니다. 화려한 건축 재료가 쓰였다고 만족을 느끼는 것도 아니다. 단순히 이러한 기준으로 건축물을 만드는 것은 아주 쉬울 수도 있다. 윈스턴 처칠은 "우리가 건물을 만들고 그 후에 건물이 우리를 만든다"고 했다. 우리가 건축물을 만들었지만 그 건축물의 상태에 따라 우리도 영향을 받는다는 것을 뜻한다. 이를 다루는 것이 바로 건축 심리학이다. 건축의 역사에 비하여 이 건축 심리학은 사실 아직 초기 단계이다. 건축은 형태, 재료, 구조 등을 다루고 심리학은 인간의 상태, 경험 그리고 행동 또는 반응을 연구하는 학문이므로 이 두 개의 학문이 서로 공동의 작업을 한다는 것은 모순일 수 있다. 그러나 이 두 개의 학문이 사람을 위한 작업이라는 특수성을 고려했을 때 무리한 것은 아니다.

건축은 개인에 따라 각기 다른 영향을 미친다. 사람마다 지각, 성격, 문화적 경험의 패턴이 다르기 때문에 반응에 대한 명확한 기준이나 팁을 정의하기 어렵다. 우리는 일상생활에서 다양한 건물을 끊임없이 드나들며 경험하는 공간에 따라 영향을 받는다. 조명이 없는 어두운 곳에서는 우울한 느낌을 받기도 하고, 조명이 밝거나 환기가 잘 되는 곳에서는 환영받는 느낌을 받기도 한다. 비좁고 폐쇄된 공간은 밀실 공포증을 조장할 수 있으며, 넓고 열린 공간이라면 자유롭게 움직여도 좋다는 느낌을 받기도 한다. 아름다운 공간을 감상하지 않고 그 안에 있는 것을 즐기는 사람은 드물다. 아름다운 건물로 둘러싸인 도시를 걷는다면 성취감을 갖기도 하고 그 도시의 거주민들을 부러워할 수도 있다.

건물의 이러한 효과는 사람들의 심리뿐 아니라 공간 내 거주자의 요구와 욕구에도 중요한 요소이다. 예를 들어 공간 내부에 유입되는 해빛은 멜라토닌을 생성하는 능력에 영향을 줌으로써 신체 조건을 조절하여 소화와 수면 패턴에 영향을 미쳐 사람을 덜 우울하게 만들기도 한다. 이러한 이유로 건축가는 공간 사용자를 위해 디자인한 공간에서 자연광을 매우 중요하게 생각한다. 건축가는 고객의 취향을 염두에 두고 디자인 작업을 해야 한다. 이것이 바로 건축 심리이다. 밝고 화려한 감옥이 있을 수는 없지만 수감자를 달래고 진정시킬 수 있는 공간 환경도 노후 주택을 설계하는 것만큼이나 중요하다. 건축가는 잘 설계된 정원 경관이 집이나 건물의 거주자에게 치유 및 진정 효과를 준다는 사실을 이미 알고 있다. 또한 이러한 녹지는 건축물의 내부 온도를 제어하고 전기 요금을 줄이는 데 큰 도움이 된다.

건축심리학

건축적인 요소는 어느 공간에서나 살고 일하는 사람들의 심리에 큰 영향을 미칠 수 있으며 고객을 상업 및 소매점 등으로 이끌고 결정에까지 영향을 미칠 수 있다. 좋은 건축가는 내부와 외부 모두 보기 좋은 공간을 만들고 사람들이 그 안에 머무는 동안 편안함을 느낄 수 있도록 돕는 사람이다. 건축가는 건축물에 부정적인 공간을 만들지 않으려고 다짐하지만 종종 설계된 공간 중 일부가 어둡거나 우울한 분위기를 풍기게 되어 즐겨 사용되지 않거나 죽은 공간이 되는 결과를 얻게 될 수도 있다. 건물의 사용자와 소유자는 이러한 공간을 찾아내어 부정적인 분위기가 소멸되도록 조치를 취해야 한다. 그렇지 않으면 부정적인 공간이 다른 공간에도 좋지 않은 영향을 미칠 수 있다.

건축가는 공간을 설계할 때 공간의 용이성과 유지 관리 비용에도 주의를 기울여야 한다. 이를 무시할 경우 건물 사용자의 기분에 영향을 미치면서 건물이 방치되는 등 부정적인 영향으로 건축주에게 고통이 될 수 있다. 같은 공간에서도 사람마다 다른 경험을 할 수 있다. 건축가는 이것을 알고 있으며 이를 위해 설계해야 한다. 예를 들어 의료 환경이라면 건축가는 환자와 의사 모두에게 집중해야 한다. 또한 교육 공간이라면 학생과 교사의 반응을 관찰하고 집중해야 한다. 그리고 사무실에서는 각 지위에 따라 구성원 모두가 만족할 만한 공간을 만들도록 노력해야 한다. 사람들이 같은 공간에서 서로 다른 방식으로 의사소통을 할 수 있다는 사실은 모든 디자인에 고려되어야 하며, 사무실, 병원, 학교와 같이 두 개 이상의 상반된 대상이 존재하는 공간의 사용자는 디자이너와 건축가에게 이 같은 부분을 기대하고 있다는 것을 깨달아야 한다.

• 관계적 맥락을 지각하는 게슈탈트 원리

건축가뿐 아니라 디자이너도 공간을 꾸밀 때 사람들의 심리 상황을 늘 고려해야 하는데 이러한 반응을 보이는 디자인 원리 중에 게슈탈트 원리라는 것이 있다. 게슈탈트는 독일어로 직역하면 형태라는 의미이다.

2개 이상의 형태가 있는 경우 사람은 인식하는 우선순위가 다르다.

　게슈탈트 원리는 전체 형태에서 각 부분들의 상호 관계의 맥락에서 시각하는 것이다. 사람들은 명확하거나 신한 것, 또는 뚜렷한 것을 먼저 지각하는 버릇이 있다.

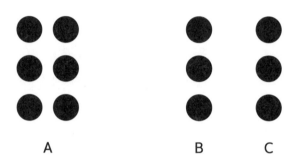

A　　　　　　　B　　　C

　위의 그림에는 원 6개가 있다. A의 경우는 원 6개를 하나의 묶음으로 인식하지만 B와 C는 A보다 거리감이 있어 원 3개씩 두 개의 묶음으로 인식하게 된다. 이렇게 인식의 차이를 보이는 것이 게슈탈트 원리이다. 인간이 패턴을 인식하는 방식은 게슈탈트 원리에 기인한다. 우리의 두뇌는 통일된 전체의 대칭과 균형을 보도록 연결되어 있으므로 동기화 요소를 함께 시각적으로 인식한다. 게슈탈트 원리는 유사성, 연속성, 폐쇄성, 근접성 및 도형 또는 지반과 같은 측면을 기반으로 한다. 디자인에서 이러한 원리는 심리적으로 많은 영향을 준다. 따라서 공간을 디자인할 때 사람의 심리적 욕구를 염두에 두는 것이 무엇보다 중요하다.

건축가가 자신의 능력을 발휘하기 위해서는 특정 공간을 구축하려는 목적과 함께 고객의 취향과 개성을 알아 두는 것이 필수적이다. 예를 들어 감옥이 다른 공간과 같이 밝고 생생한 색상을 가질 수 없는 것과 같다. 마찬가지로 경로당은 노인들이 집과 같은 편안함을 느낄 수 있도록 차분한 효과가 있는 부드러운 색상과 소재, 따뜻한 실내, 오감을 자극하고 긍정적인 반응을 일으키는 치유의 정원 등 환자 친화적인 기능이 고려되어야 한다. 건축물은 단순히 지어졌다고 해서 그 목적을 달성할 수 있는 것이 아니다. 도시나 도시민들의 심리적 반응에 따라서 결과가 전혀 다르게 나타날 수도 있기 때문이다. 예를 들어 1971년에 지어진 영국의 글래스고 도로에 위치한 아파트는 도시 최고의 고층 건물로 여겨지는 건물로 인구의 급격한 증가로 인한 주택 문제를 해결하기 위해 지어졌다. 그러나 도시의 기대와는 달리 시간이 흐르면서 아파트가 점차 비워지게 되는 현상이 나타남으로써 충격을 주었다. 이유는 추운 겨울에 이 아파트가 따뜻하지 않을 거라는 주민들의 심리적 반응 때문이었다.

미국의 프루이트 아이고 공공주택 또한 이러한 사회적 심리를 파악하지 못한 경우다. 일반적으로 미국은 큰 규모의 아파트 단지를 조성하지 않지만 이례적으로 저소득층을 위한 대규모 공공주택이 만들어졌다. 1954년에 지어진 이 아파트는 초기에는 일부 개인 공간을 마련한 점에 대해 공간을 낭비하지 않는다는 칭찬을 받았고 주민 간에 교류가 일어날 수 있다는 점 때문에 공간 개념에 대해 좋은 평가를 받았다. 그러나 분양률은 30%도 채 되지 않았으며 입주자들도 서서히 그곳을 떠나 버렸다. 점차 비워지는 공간이 많아지면서 지역의 질서가 불안해지기 시작했다. 그로 인해 지역 범죄는 더 많아졌고 안전을 위한 노력들이 성상을 거두지 못하면서 급기야 아파트를 허물어야 했다. 도시의 심리를 파악하지 못한 이 건물은 심각한 범죄의 장소가 되었으며 도시의 기물 파손까지 불러일으켰다.

건축가는 사람의 행동에 영향을 미치는 방식을 이해하여 환경을 통해 자연적이든 인공적이든 개인의 감정과 인식을 수정함으로써 인간의 행동을 제어할 수 있어야 한다. 환경이 사람들에게 영향을 미치는 방식을 이해하고 사람들의 행동에 영향을 줄 수 있는 작업, 예를 들어 레크리에이션 및 생활 공간의 설계 및 건설을 할 수 있어야 한다는 뜻이다. 이를 위해 사무실에서 일하는 고용주의 기본적인 수행에서부터 소매점에서 고객을 유치하고 판매를 촉진하는 것까지 그 장소에 거주하는 사람들의 심리에 영향을 미치는 건축의 많은 요소가 있음을 알아야한다. 열심히 일하는 건축가는 사람들이 보고 싶어 하고 감상하고 싶어 하는 아름다운 공간을 만들지만, 똑똑한 건축가는 그 장소가 외부에 있는 것처럼 내부를 아름답게 만들어 사람들에게 편안함을 주고 머무는 동안 기쁨을 주는 공간을 만든다.

일반적으로 사람들은 건축가가 만든 생활 공간에서 약 80%의 시간을 보낸다. 그러므로 사람들의 마음과 기분 상태는 대부분의 시간을 보내는 내부 환경에서 영향을 받는 것이 확실하다. 따라서 건축가와 디자이너는 공간, 조명, 음향, 색상 및 미학이 개인의 행동 심리학에 큰 역할을 할 수 있다는 것을 알아야 한다. 공간에 사용되는 자재나 가구와 같은 것들은 우리의 심리와 우리가 일하는 방식에 영향을 미치기도 하고 주변 상황에 반응하는 분위기를 만들기도 한다. 그래서 건축가는 공간에 대한 고객의 요구 사항을 만족시키고 고객의 심리적 욕구를 충족시키는 데 도움이 될 수 있는 기타 사항을 찾기 위해 최선을 다해야 한다. 이것은 건축과 개인의 심리학 사이에 명확한 연결이 있다. 심리학자 크리스천 재럿(Christian Jarrett)은 곡선 가구와 직선 가구에 대한 새로운 연구를 진행했다. 연구는 간단했다. 실험자들은 다양한 종류의 소파와 라운지 의자로 채워진 일련의 방을 보았다. 연구 결과 모더니즘을 좋아하는 사람들은 곡선을 좋아하지 않았다. 반면 직선 모서리로 정의된 가구는 훨씬 매력적이고 접근하기 쉬운 것으로 평가했다.

2009년, 브리티시컬럼비아대학의 심리학자들은 내벽의 색상이 상상력에 어떤 영향을 미치는지 살펴보기로 했다. 그들은 대부분 학부생으로 구성된 600명을 대상으로 빨간색, 파란색 또는 중성색으로 둘러싸인 방에서 다양한 기본 인지 테스트를 수행했다. 테스트 결과 사람들은 정지 신호와 같은 빨간색의 벽으로 둘러싸인 공간에서 시험을 보았을 때 철자의 오류를 잡거나 단기 기억 속에 임의의 숫자를 기억하는 것과 같이 정확성과 세부 사항을 요구하고 주의가 필요한 테스트에 훨씬 더 뛰어난 반응을 보였다.

실험을 실행한 과학자들에 따르면 이는 사람들이 빨간색을 위험과 연관시켜 더 경계하고 인식하게 만들기 때문에 이러한 환경에서 자연스럽게 반응하는 것이라고 설명했다. 그러나 파란색은 완전히 다른 심

리적 반응을 보여주었다. 파란색 그룹의 사람들은 주의를 요하는 단기기억 작업에서 더 나쁜 수행을 보인 반면, 벽돌을 창의적으로 사용하거나 어린이 장난감을 디자인하는 것과 같이 상상력이 필요한 작업을 더 잘 수행했다. 파란색 조건의 피실험자는 빨간색 조건의 피실험자보다 2배나 많은 '창의적 결과물'을 보여준 것이다. 이렇게 공간 벽의 색상 변화만으로도 우리의 상상력뿐 아니라 능력이 다르게 반응한다.

그렇다면 이 같은 효과를 어떻게 설명할 수 있을까? 과학자들에 따르면 파란색은 하늘과 바다를 무의식 속에서, 또는 심리적으로 자연스럽게 떠오르게 한다. 파란색에서 우리는 넓은 지평선과 확산되는 빛, 모래사장과 나른한 여름날을 생각할 수도 있다. 이러한 종류의 분위기를 통한 정신적 연결은 우리가 연관되는 것을 공상하고 생각하기 쉽게 만드는 것이다. 이는 바로 눈에 보이는 것을 그대로 받아들이는 것보다 우리의 상상 속에 떠오르는 가능성이 주는 영향이 더 클 수 있다는 사실을 반영한다.

마지막으로 칼슨경영대학의 심리학자 존 메이어스-레비(Joan Meyers-Levy)는 천장 높이와 사고방식 간의 관계를 알아보기 위해 흥미로운 실험을 수행했다. 그 결과 사람들이 천장이 낮은 방에 있을 때 '경계', '억제', '제한'과 같은 감금과 관련된 단어의 철자를 바꾸는 문제를 훨씬 더 빨리 푼다는 사실을 발견했다. 이에 반해 천장이 높은 방에 있는 사람들은 '해방', '무제한' 등 자유를 주제로 한 문제에 더 능했다. 레비에 따르면 이는 통풍이 잘 되는 공간이 우리를 더 자유롭게 해주기 때문이다. 레비는 천장이 높은 방이 사람들로 하여금 보다 추상적인 사고방식을 하도록 유도한다고 밝혔다. 천장이 높은 방에 있는 사람들은 사물의 세부 사항에 초점을 맞추는 대신 개괄적이고 사무이 ҡ돋뇌 시㎖을 ㄴ실 볼 수 있다는 것이다. 이는 항목별 처리와 관계형 처리의 차이를 보여주는 부분이다.

반대로 개체나 문제의 세부 사항에 때때로 초점을 맞추고 싶은 경우에는 밀실처럼 폐쇄되고 좁은 공간이나 지하실이 이상적일 수 있다. 그러나 창의적인 솔루션이 필요할 때는 더 넓은 공간을 찾아야 할 것이다. 특히 파란색 벽이 있는 경우 사람들은 건물 내부가 마음의 내부에 어떻게 영향을 미치는지 이해한다. 이러한 결과로 보았을 때 정확성이 요구되는 작업은 빨간색 벽이 있는 좁은 공간에서 수행하는 것이 적합하다. 반대로 약간의 창의성과 추상적 사고가 필요한 작업은 높은 천장과 많은 창, 그리고 하늘과 일치하는 밝은 파란색 벽의 공간에서 수행하는 것이 적합하다. 요점은 건축 분야의 문외한 또한 이러한 공간에 대해 반응한다는 것이다.

공간 구조는 또한 보안 및 범죄 그리고 안전 문제와 관련이 있다. 공간 구조가 정상적이지 않으면 경보 시스템이나 감시 카메라와 같은 보안 장치를 설치하는 경우가 많다. 이는 비용도 많이 들고 공간의 이용자들에게 감시받는다는 느낌을 줄 수 있어 위축되게 만든다. 반면 특정 구조는 범죄 또는 기물 파손을 예방할 수 있기에 보안을 개선하고 안전 문제에 대한 해결책을 만들 수 있다.

좋은 공간은 긍정적인 역할을 한다.

우리가 거주하는 생활 환경은 그 특성에 따라 진화한다. 따라서 주변 건축 환경 또한 개인의 발전과 진화를 위하여 계속 변화해야 한다. 공간은 우리의 자존감과 만족감을 강화하는 데 기여할 수 있어야 한다. 그렇지 않고 공간이 부정적으로 변화하게 되면 불만족, 안절부절, 소외 및 무기력함을 유발할 수 있다. 다인스베르거(Deinsberger)에 따르면 많은 건물에 눈에 띄지 않는 다양한 종류의 결함이 있다. 주택 및 사회 정책 연구원인 대니 프리드먼은 열악한 주거 환경은 이웃과 개인의 건강, 범죄 가능성, 교육 수준에 영향을 미친다고 했다. 한 연구에서 그는 열악한 주거 환경이 학업 성취도 저하, 건강 문제의 증가 및 범죄 그리고 불만과 밀접한 관련이 있음을 보여준다고 설명했다. 대니 프리드 떴은 씨의 신년에 "주택의 질, 규모, 수량을 개선하고 이웃과 가구의 질을 개선하는 것은 범죄와 질병을 줄이고 교육 수준을 높이는 긍정적인 효과가 있을 것이다"라고 설명했으며, 다인스베르거는 "우리의 의도적인 인식이 없어도 공간은 우리의 행동을 결정한다"고 했다.

공간 구조는 특정 행동 패턴에 영향을 주고, 디자인과 가구는 우리가 그것들을 다루고 사용하는 특정 방식에 동기를 불어넣는다. 노후화되거나 올바르지 않은 사용 또는 파손과 같은 현상은 종종 구조적 원인이나 사용법을 잘 이해하지 못해서 일어나는 경우가 많다. 그런데 건축이 장소에 대한 긍정적이고 정서적인 감정을 발생시키면 그러한 결과는 발생하지 않을 수도 있다.

공간의 배치 및 가구와 그 디자인은 인간의 움직임, 행동 그리고 사용 패턴에 영향을 미친다. 공간이 우리의 생활 패턴과 반대되는 방식으로 조성되면 우리의 움직임과 행동을 방해하게 되고 이는 분노나 좌절을 유발할 수 있다. 반대로 긍정적인 공간 구조는 일상생활을 지원하고 우리를 편안하게 만든다. 과학자 탄야 볼메르(Tanja Vollmer)는 병자 및 노인 그리고 어린이가 다른 사람들보다 생활 환경과 공간 조건에 영향을 더 많이 받게 된다는 것과 우리가 불안할수록 환경이 우리에게 미치는 영향이 강하다는 것을 발견했다. 또한 다인스베르거는 열등한 건축이 스트레스를 촉진하고, 피로감과 심인성 증상을 유발하며 심지어 신체적 불편함을 가져올 수 있다고 했다. 일반적으로 이러한 효과는 즉시 나타나기보다 몇 달 또는 몇 년 후에 나타나는 것이 문제이다. 이렇게 공간이 치유 과정을 지원하고 웰빙을 촉진할 수 있지만 반대의 현상도 보여준다는 결론을 얻을 수 있다.

• 감각과 신경계

어떤 환경에서 편안함을 느끼기 위해서는 단순히 쾌적한 기후만 필요한 것이 아니다. 빛, 식물, 건축 재료, 건축 방법, 온도 및 공기 조건도 정서와 건강에 중요한 역할을 한다. 인간이 하나의 조건에만 반응하는 것이 아니라 전체적인 상황에 반응한다는 것을 명심해야 한다. 감각은 우리의 생각, 감정, 행동에 영향을 미치고 이것들이 전체적으로 반응하여 우리 몸 전체에 영향을 미친다. 우리의 감각은 환경이 긍정적인 반응을 줄 때 활력을 받거나 진정되는 효과를 얻는다. 결과적으로 공간은 우리의 사고, 행동 패턴에 영향을 미친다. 공간이 동기부여와 함께 행동을 촉진하여 수행 또는 집중력을 강화하는 데 큰 역할을 한다는 것이다. 공간에서 불편함을 느끼면 안절부절못하거나 과민증, 무기력 또는 불안으로 이어질 수도 있다. 그래서 어떤 사람들은 무기력해질 때 집안 분위기를 바꾸기도 한다. 착시 현상이 뇌를 속이는 경향이 있으므로 디자이너는 이러한 상황을 고려하여 세심한 주의를 기울여야 한다.

무엇보다 색상의 심리는 사용자의 감정을 불러일으키는 데 중요한 역할을 한다. 디자이너는 건축이 의사소통의 행위이며 색상은 메시지를 표현하는 매체라고 여긴다. 병원의 응급실은 종종 녹색 커튼을 사용하는데 이는 녹색이 평온함을 불러일으키기 때문이다. 레스토랑과

식품 영역은 일반적으로 마케팅 전략으로 공간에 붉은색 구성표를 도입한다. 빨간색은 주의를 끌고 식욕을 자극하며 배고픔을 유발하기 때문이다. 세미징은 사회성을 촉진하기 위해 종종 갈색이나 주황색과 같이 따뜻한 색으로 표현한다. 흰색은 순결, 순정 및 청결을 나타낸다. 이는 높은 천장과 결합하여 어둡거나 작은 공간의 밀실 공포증 효과와는 대조적으로 환영하는 분위기를 유발하기 위한 것이다.

건축에서 심리학의 가치는 아주 중요하다. 우리는 사람들이 서로 다른 방식으로 의사소통한다는 것을 알고 있다. 어떤 사람들은 시각적 의사소통을 선호하고, 어떤 사람들은 구두를 통한 의사소통을 선호하며, 또 다른 부류들은 물리적 의사소통을 선호한다. 건축가와 디자이너는 사람들이 아이디어와 감정을 전달하는 데 있어서 능률적으로 일이 진행되고 해결될 수 있는 공간을 제공하기 위해 노력해야 한다. 또한 건축가는 디자이너와 심리학자 등의 전문가와 창의적으로 협업할 때 생각-느낌-행동의 선형 프로세스를 직접적으로 연관시키며 작업해야 한다. 디자인 과정에서 심리학이 뿌리내리고 무엇이 사용자를 행동하게 만드는지 이해한다면 인간을 위한 훨씬 더 좋은 공간을 창조하는 데 도움이 될 것이다.

녹색
평온함, 회복, 안전

빨간색
식욕 자극, 열정, 에너지

주황색&갈색
안정됨, 온화, 친밀감

흰색
순결, 순정, 청결

사람   공간   건축

Part 04

건축물로
이루어진 도시

01

도시는
어떻게 만들어지는가?

도시의 구성

도시에는 많은 건축물이 있다. 많은 건축물이 들어서면서 도시가 탄생한다. 그렇다면 도시와 건축물 중 무엇이 먼저인지 생각해 보아야 한다. 도시가 공간이고 건축물이 가구라면 우선순위가 무엇인지 생각하기쉽다. 공간에 따라 가구의 종류를 결정할 수 있기 때문이다. 침실이라면그 공간에 맞는 침대가 우선적으로 결정되어야 하며 부수적인 기능을하는 화장대 등은 그 후에 결정된다. 거실 공간은 소파, 탁자 등이 우선적으로 선택되고 그다음에 가구 배치를 계획할 것이다. 도시도 이와 크게 다르지 않다. 어떤 성격의 도시를 만들 것인지 결정되면 그 기능에맞는 건축물과 영역을 우선적으로 계획하게 된다. 이러한 도시 구성은사실 오랜 역사 속에서 반복적인 도시 계획을 통하여 만들어졌다.

공간 안에 가구를 배치하는 것과 도시를 구성하는 것의 기본적인 개념은 비슷하다. 공간은 한정된 영역으로 변화가 없지만 도시는 사실 이보다 훨씬 복잡하다. 우리가 하나의 건축물을 도시라고 본다면 그 건축물 안에는 다양한 공간들이 존재하는데 이 각기 다른 공간을 도시 내 다른 영역으로 생각할 수 있다. 건축물 내 공간 배치를 할 때 우선적으로 고려해야 하는 것은 동선이다. 동선은 단순해야 한다. 이것이 도시에서 교통이다. 처음에 부부 둘만 살던 공간에 아이가 생긴다면 한 공간에 모두 머물 것인지 그렇지 않으면 각자 다른 공간에 머물 것인지 계획해야 한다. 가족 구성원이 달라지면 가구 배치도 변경해야 하고 각 구성원의 취향과 건강 문제, 그리고 공용 공간의 변경 등 공간의 성격을 고민해야 한다. 도시도 같은 원리이다. 좋은 도시는 크게 3가지 영역으로 나뉘어져 있다. 도시, 교외 그리고 농촌이다. 초기에는 도시 영역의 확장을 감안해야 하며 지속 가능한 도시를 계획해야 한다. 일반적으로 도심 한가운데부터 고층 빌딩이 들어서고 외곽의 농촌으로 향할수록 건축물의 높이는 점차 낮아진다. 이것이 이상적인 스카이라인이며 도시의 공기 순환에도 도움이 된다.

이상적인 도시의 스카이라인

도심 중앙이 낮고 주변으로 갈수록 고층 빌딩이 높게 자리한다면 도시의 공기 순환이 되지 않아 도시 내에 매연과 더위가 심해진다. 그러니 반대로 도심이 높고 주변이 낮아지면 도시의 공기 순환이 용이하다. 도시의 교통 상황에도 이 같은 경우는 긍정적인 역할을 하게 된다. 도시에서 건축물의 분포는 곧 교통 상황에 직접적인 영향을 주므로 도시의 영역에 따른 기능 분포는 아주 중요하다. 도시는 건축물이 들어선 후에 기능을 하는 것이 아니라 다양한 영역의 조합으로 만들어진다.

다음 그림은 산업혁명이 절정에 이르면서 과거의 도시 형태가 무너지고 새로운 도시 구조를 요구하던 1900년도에 러시아에서 도시 형태의 예를 발표한 것으로 이는 후에 유럽 도시에 영향을 주었다. 살펴보면 농장 지대, 강(수 공간), 주택 지대, 고속도로를 포함한 녹지대, 공업 지대 그리고 철도 순으로 놓여 있다.

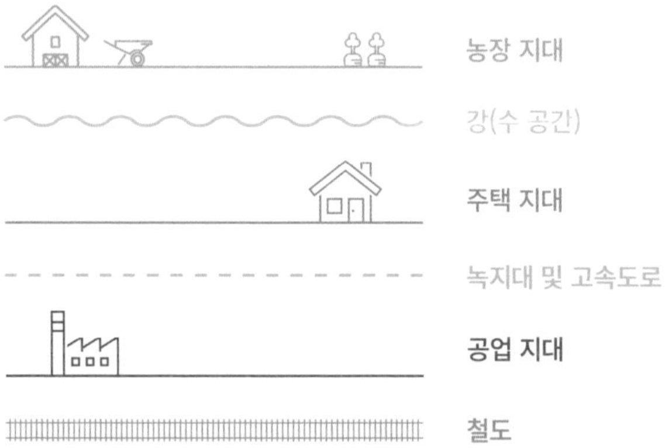

농장 지대

강(수 공간)

주택 지대

녹지대 및 고속도로

공업 지대

철도

이 순서는 도시 계획에 있어서 중요한 의미를 담고 있다. 도시가 확장될 가능성을 갖고 있는 영역은 강 건너 농장 지대로, 중심은 주택 지대가 된다. 주택 지대 옆의 고속도로는 도시 전체를 연결하는 교통수단이며 철도는 공업 지대와 도시 중심을 연결하는 것으로 후에 이 철도는 도심의 중심까지 진입하여 도시와 도시를 연결하는 통로가 되었다. 이러한 배치에서 도시는 수평적인 띠를 이루며 확장될 것이다. 이는 교통의 영향에 중요한 역할을 하게 된다. 영역의 발달이 띠를 이루지 않고 덩어리로 발달하면 교통 체증이 발생할 수 있다.

도시는 변화한다. 여기서 도시를 계획하는 사람들이 고려해야 하는 사항은 바로 스프롤(Sprawl) 현상이다. 이는 도시가 무분별하게 확장되는 현상으로 특히 주거 지역의 무계획적인 분포는 인구 분포도에 영향을 주게 된다. 도시를 개발하는 경우 기술, 토지, 건축 환경, 교통, 통신 및 유통 네트워크 등 유의해야 하는 사항들이 많다. 도시 계획에 있어서 사람들이 주어진 지역에서 어떻게 살고, 일하고, 놀 것인지 예측해야 한다. 그래서 영역의 질서 있는 개발을 계획해야 하는 것이다.

특히 요즘처럼 기후 변화가 심각한 상황에서는 이산화탄소 배출에 대한 예상은 필수적이다. 사람들이 어떻게 살고, 일하고, 놀 것인지에 대한 질문은 시간에 따라 변하기 때문에 도시 계획은 역동적인 분야이다. 일부 도시 계획가는 거리, 공원, 건물 및 기타 도시 지역에 대한 디자인을 제공한다. 도시 계획가는 토목 공학, 조경 건축, 건축 및 공공 행정 분야와 협력하여 지속 가능한 목표를 달성해야 한다. 오늘날 도시 계획은 별도의 독립적인 전문 분야지만 초기 도시 계획은 대체적으로 조경가의 역할이었다. 도시 계획 분야는 토지 이용 계획, 구역 설정, 경제 개발, 환경 계획 및 교통 계획과 같은 다양한 분야를 포함하는 더 넓은 범무이나. 계획을 작성하려면 형법 및 계획 구역 코드에 대한 철저한 이해가 필요하다. 도시 계획의 또 다른 중요한 측면인 도시 계획의 범위에는 그린필드 프로젝트와 같은 대규모 마스터 계획은 물론 기존 구조물, 건물 및 공공 공간의 관리 및 개보수 또한 포함된다. 도시에는 단지 건축물만 있는 것은 아니다. 제한된 기능을 갖고 있는 건축물에 비하여 도시는 다양한 기능을 포함하고 있어 명확한 계획을 갖고 있지 않으면 미래에 불편한 도시가 될 수 있다. 여기서 다양한 기능이란 다양한 시대를 보여주는 것을 포함한다. 너무 현대적이거나 구 도시적인 형태만 갖고 있다면 정서적, 기능적으로 시민과 함께하는 도시가 되지 못할 수도 있다. 전통적으로 도시 계획은 인간 정착지의 물리적 레이아웃을 계획할 때 하향식 접근 방식을 따랐다. 주요 관심사는 공공복지, 효율성, 위생, 보호 및 환경, 사회 및 경제 활동에 대한 효과 등이다. 시간이 지남에 따라 도시 계획은 지속가능성의 표준을 유지하면서 사람들의 건강과 정서를 개선하기 위한 도구로 사회적, 환경적인 부분에 초점을 맞추었다. 지속 가능한 개발은 20세기 후반, 이전 계획 모델에 해로운 경제 및 환경 영향이 명백하게 드러난 후 이를 감안하여 오늘날 도시 계획의 주요 목표 중 하나로 추가되었다.

2018년도에 유엔은 2050년까지 약 25억 명 이상의 글로벌 인구 이동이 있을 것이라 예측하며 도시에 발생하는 여러 가지 문제점을 줄이기 위해 많은 준비를 해야 할 것이라고 경고했다. 이에 대한 새로운 계획

이론으로 블루존(세계에서 100세 인구가 가장 많은 장수 지역) 및 혁신 지구와 같은 비전통적인 개념을 채택했다. 잠재적인 수명을 연장하여 시민의 삶의 질을 향상시키는 데 도움이 되는 새로운 사업 개발과 인프라의 우선순위를 지정할 수 있도록 도시 내 지리적 영역을 통합해야 한다는 것이다. 특히 무분별하게 확장된 도시의 구조와 형태가 탄소 배출 문제를 발생시키는 원인 중의 하나로 지목되면서 도시 계획은 지구 기후 변화를 해결하는 데 도움이 되는 정책으로의 변경을 시도하고 있다.

환경 문제는 도시의 각 영역이 갖고 있는 고유의 기능을 고려하지 않고 무분별하게 발전하면서 혼합된 기능이 어우러져 발생하였다. 이러한 문제가 장기화되면서 교통 혼잡, 대지 또는 부동산의 가치 문제, 인구 밀집 현상 등 도시의 문제가 곧 환경과 지구의 문제로 확대되고 있다. 지속 가능한 도시의 발전은 시민의 삶의 질과 연관되어 있다. 여기에 늘 등장하는 것이 바로 건축물의 분포이다. 도시가 어떤 기능을 갖고 있다는 것은 그 기능을 수행하는 건축물이 있다는 것과 동일한 의미이다. 건축물 또한 탄소 배출 요인 중 하나로 꼽히고 있다. 패시브 하우스, 제로에너지 하우스 또는 자연 친화적 빌딩을 설계하는 이유도 여기에 해당된다.

지역 사회의 개발과 도시 계획에 있어 지속 가능성, 기존 및 잠재적인 오염, 교통 혼잡, 범죄, 땅값, 경제 발전을 위한 사회적 형평성, 구역 코드 및 기타 법률 등 잠재적인 문제들을 반드시 고려해야 한다. 현대 사회가 인구 증가, 기후 변화 및 지속 불가능한 개발 문제에 직면하기 시작하면서 21세기에 도시 계획의 중요성이 증가하고 있다. 이제 도시 계획가는 그린 칼라(Green Collar, 친환경적인 작업에 종사하는 사람들) 전문가로 간주되기도 한다. 전 세계의 도시 계획가 중 일부 연구자들은 지역 도시와 문화에 맞는 도시를 계획하는 '문화 계획' 분야에서 일하기도 한다. 문화를 도시 발전의 자원으로 활용하는 것이다. 이러한 도시 계획은 전문가의 기본 지식과 기술 능력과 더불어 국가 및 지역 경계를 넘어 설정되기도 한다. 이 과정에서 다양한 정치적 견해가 대립되기도 하고 토지 사용에 대한 서로 다른 이익 집단의 의견이 충돌하기도 한다. 따라서 도시 계획의 설정과 이에 관한 모든 문제는 정부가 주도하는 것이 가장 좋다.

하염없이 커져만 가는 도시

건축물은 도시에서 이정표 역할을 하며 도시의 수준을 규정하는 데 중요한 지표가 되기도 한다. 도시는 규모가 작아야 계획의 변경과 도시의 미래를 결정하는 데 용이하다. 도시가 크면 그만큼 수용해야 하는 내용도, 감안해야 할 요인도 방대해지므로 도시의 미래를 결정하는 데 어려움을 갖게 되기 때문이다.

도시와 도시는 고속도로와 같은 큰 도로가 연결하며 도시 내 영역 간의 연결은 대중교통이 담당할 수 있는 거리로 만들면 그만큼 교통량도 줄일 수 있고 자전거나 도보로 동선을 연결할 수 있다. 이렇게 도시의 규모를 줄이는 방법을 모색하는 것이 바로 공공 건축물의 역할이다. 대부분의 업무가 공공 건축물과 연관이 있기 때문에 공공 건축물을 분산시키지 않으면 도시의 규모를 줄이기가 어렵다. 과거에는 공적인 업무를 직접적으로 연결하기 위해서는 불가피한 일이었지만 IT가 발달한 지금은 그 동선을 줄이는 것이 용이하다.

　도시의 건축물이 어떻게 분포되어 있는가는 그 도시의 인구 분포를 나타내는 지표가 될 수 있다. 서울처럼 국가 기관이 모여 있는 경우 이에 대한 건축물이 필요하게 되는데 이는 국가 기관이 시민 모두에게 적용되는 것이 아니기 때문에 도시 계획에 있어서 좋은 예는 아니다. 많은 국가 기관 건축물이 세종시로 옮겨 갔지만 이 또한 미래를 예상했을 때 좋은 현상은 아니다. 한 도시에 이들이 모여 있을 필요가 없다. 미래에 세종시가 제2의 서울이 될 가능성이 있기 때문이다. 여러 도시에 부처를 분산시키면 부동산 문제가 불거지지 않을 것이며 대형 회사와 대학도 각 도시로 분산되면 많은 건축물 또한 분산될 것이고 지역 경제도 활기를 띨 것이다. 인구가 증가하고 경제가 발달할수록 복잡한 도시의 문제는 오히려 더욱 커지기만 할 뿐 해결될 수는 없다. 그러나 더 큰 문제는 반대 현상에서 일어난다.

　인구가 증가하고 경제가 발달한다면 도시를 확장하는 방법으로 해결을 모색하겠지만 현재처럼 인구는 감소하고 경제가 좋아지거나 나빠지는 경우 더 큰 문제가 발생한다. 부동산 문제로 건축물을 지어 해결하고자 할 때 반드시 감안해야 할 것은 인구의 분포이다. 인구 증가율이 균등하다면 도시 정책을 지속적으로 계산할 수 있지만 인구의 급격한 감소나 증가는 도시의 성격을 변화시킨다. 현재 우리나라는 심각한 인구 감소를 겪고 있으며 이는 도시에 악영향을 주고 있다. 인구 변화는 경제에도 큰 문제로 작용하지만 도시에도 암울한 미래를 예견한다.

인구가 감소할 때는 가장 먼저 인구 분포가 저조한 지역부터 타격을 입게 된다. 저조한 인구의 분포로 세금이 줄어들고 이에 따라 사회 기반 시설이 줄어들어 인구가 타 지역으로 빠져나가면서 치안이 불안한 지역이 생겨나게 된다. 반대로 대도시와 인근 지역은 모여드는 인구로 여러 가지 문제가 발생하고 특히 부동산은 급등하고 교통이 혼잡해지며 이로 인해 탄소 배출이 늘고 여러 가지 사회 문제가 발생하게 된다. 이를 예견하여 정책에 반영해야 한다. 따라서 도시는 모두 균등하고 건강하게 발달해야 한다.

현재 대도시의 가장 큰 문제 중 하나는 바로 교통이다. 이로 인해 발생되는 탄소 배출뿐 아니라 교통 혼잡에 지불해야 하는 비용도 점점 커지고 있다. 그래서 런던은 붐비는 지역에 진입하는 차량에 비용을 부과하고 있다. 이는 유럽 도시만 가능하다. 유럽 대부분의 도시들은 타 도시의 차량이 진입할 경우 도심 밖에 차를 두고 도심 내 대중교통이나 그 외의 이동 수단을 사용해도 될 만큼 거리가 길지 않다. 그러나 서울의 경우는 다르다. 서울은 대중교통이 잘 발달되어 있지만 도로의 환경과 인구 밀집으로 런던처럼 비용을 부과해도 효과가 없다.

이에 대한 해결책의 하나를 예로 들면 서울역과 같은 기차역을 도시화하는 것이다. 단순히 기차를 갈아타는 환승 기능만 있는 것이 아니라 소규모의 도시처럼 여러 기능을 부여한다면 타 도시 사람들이 서울 내부까지 진입할 필요는 굳이 없을 것이다. 예를 들어 세미나를 하기 위하여 서울에 오는 경우 서울역에 세미나 기능을 하는 건축물이 있다면 굳이 도심까지 오지 않고 서울역 내의 세미나 건축물에서 목적을 달성하고 돌아갈 것이다. 이렇게 대도시의 기차역을 도시화한다면 도심 내의 많은 기능으로 인한 문제를 해결할 수 있다. 이는 사실 새로운 이론은 아니다. 1920년 미래파가 주장한 기능의 일원화에 대한 내용이다. 속도를 최고의 미로 여겼던 그들은 분산된 기능을 하나로 합쳐야 한다고 주장했다. 기능이 분산되면 그만큼 동선이 길어지고 기능을 수행해야 하는 건축물도 많아져야 한다. 기차역은 도시의 외부와 내부를 연결하는 기능을 넘어 도시의 첫인상이기도 하다. 그러므로 불필요한 기능은 도심까지 끌어들이지 않고 이 경계선에서 일어날 수 있도록 건축물에 기능을 부여하면 도시 자체의 기능을 유지할 수 있다. 이러한 개념을 파악하여 실행한다면 도시가 안고 있는 많은 문제점을 줄일 수 있다.

비어 있는 다락방

도시는 시민들이 공유하는 공간이다. 그러므로 도시는 시민들이 상상하는 기능을 다양하게 제공해야 한다. 다양한 기능을 제공하는 역할은 건축물로는 부족하다. 도시는 건축물 외에 수 공간, 녹지 공간, 레크리에이션 공간 등도 제공해야 한다. 건축물은 도시를 위하여 세금을 지불하는 등 직접적인 역할을 제공하는 데 그 세금이 필요한 이유는 바로 이러한 서비스 공간을 제공하기 위해서이다. 이러한 공간들은 일부 계층에만 제공되어서는 안 되며 시민 모두가 공유할 수 있어야 한다.

다양한 콘텐츠를 갖고 있는 도시에서 우리는 좋은 인상을 받는다. "좋은 장소는 잘 기억되며 그것을 유지하도록 도와준다." 버클리대학 김흥제 스인 린든 교수의 말이다. 기억하려고 노력하는 도시는 좋은 도시가 아니라는 의미이다. 좋은 도시는 자연스럽게 기억에 남는다. 우리가 어느 도시를 방문했을 때 긍정적인 감정이 발생한다면 그 장소는 기억될 수 있다. 린든 교수에 따르면 '장소'는 내가 기억할 수 있는 공간, 우리가 상상할 수 있는 공간, 마음속의 공간을 의미한다. 도시 계획가는 이 말을 염두에 두어야 한다.

그렇다면 좋은 기억은 어느 경우에 만들어지는가? 바로 기억의 자유이다. 그리고 도시는 기억의 시작이다. 영국 BBC One에서 방영된 드라마 《셜록》에서 홈즈는 "사람의 두뇌는 원래 비어 있는 다락방과 같다. 이를 당신이 갖고 있는 가구로 채우는 것이다"라고 했다. 동일한 상황을 맞이해도 모두가 동일하게 기억하지 않는 것은 기억의 공간에 우리가 받은 인상을 각자 다르게 배치하기(채우기) 때문이다. 도시는 종합적 큐비즘이다. 하나의 사물을 다양한 방향에서 또는 다양한 각도에서 바라보는 것이 바로 큐비즘이다. 도시는 이렇게 다양한 인상을 시민들에게 제공해야 한다. 그러나 도시의 흐름에는 큰 틀이 있어야 한다. 우리나라에는 우리의 언어가 있듯이 건축에는 건축 언어가 있으며 도시에는 도시적 언어가 있어야 한다.

명품 도시는 어떻게 만들어지며 명품 건축은 어떻게 설계되는가? 세계의 명품 도시를 찾아가 보면 공통점이 있다. 그것은 바로 역사의 흐름이 있다는 것이다. 역사적인 거리, 역사적인 건축물, 그리고 역사적인 도시 구조가 있다. 설령 건축물이 전쟁 통에 모두 사라졌다 해도 복원하고 재현해야 한다. 도시의 구조는 하루아침에 만들어지는 것이 아니다. 오랜 역사 속에서 자연의 평원, 산 그리고 계곡이 형성되었듯이 도시 또한 오랜 시간을 거치며 모든 도로, 건축물 그리고 도시민을 위한 기능들이 배치되었다. 이것들은 마치 과거의 냄새를 풍기는 것처럼 보이지만 사실은 미래를 위한 도시 발전의 밑거름이 된다. 이렇게 역사적인 배치가 유지되어야 하며 도시의 발전은 그 역사적인 요소들을 건드리지 않는 상태에서 다른 영역으로 발전하는 게 옳다.

지금의 파리를 예로 들 수 있다. 파리는 시민혁명 이후 나폴레옹 3세가 오스만 남작을 파리시장으로 임명하면서 도시가 개조되었다. 그때 당시 파리 시내는 중세의 유산으로 인해 좁고 구부러진 도로가 많았다. 이런 구조는 바리케이드를 쉽게 설치할 수 있어 시위 진압에 어려움이 있었고 비위생적이며 교통체증 현상도 극심했다. 정부는 도시 정비사업을 통해 도로 폭을 넓히고 직선화하였으며 상하수도망 재정비, 가스 가로등 설치, 대규모 녹지 조성 등을 통해 위생 상태와 도심 생활 환경을 크게 개선하였다.

사실 정비 사업의 가장 큰 목적은 폭동과 시위 장소를 제거하기 위해서였다. 좁고 구부러진 골목을 넓고 직선화함으로써 시위자들이 바리케이드를 칠 수 없도록 한 것이다. 당시 폭동은 바리케이드를 설치한 후 통행을 막고 벌이는 일명 '바리케이드전'이 주류를 이루고 있었다. 도로 폭을 넓히고 직선화한다면 시위를 사전에 인지하고 진압군이 신속하게 접근하여 조기 진압이 가능하다고 생각한 것이다. 나폴레옹

3세는 폭동을 조기에 신속히 진압하여 폭동이 혁명으로 번지는 것을 막아야 자신의 정권을 유지할 수 있다고 판단했다. 이러한 동기로 파괴과 재건이 있었던 파리는 결국 훌륭한 건축물들이 들어서 이야기로 가득한 도시가 되었다.

이후에 파리는 도심 확장을 위하여 도심에서 8km 정도 떨어진 곳에 새로운 도시를 건설하는데 그것이 바로 라데팡스이다. 파리의 이야기를 유지한 상태에서 새로운 이야기를 만들어 낸 것이다. 루브르 박물관과 개선문을 중심축으로 연장하여 새로 만들어진 이 도시 끝에는 새로운 개선문이 있다. 즉 도시 축을 연장시키면서 라데팡스라는 새로운 도시가 탄생했지만 사실은 파리가 연장된 것이나 마찬가지이다.

우리가 도시를 방문한 후 기억하는 부분은 무엇인가? 개인마다 차이는 있겠으나 기억에 남는 중요한 포인트는 거의 비슷하다. 이를 우리는 랜드마크라 부른다. 도시는 두 가지 타입의 사람들을 위하여 존재한다. 하나는 그 도시에 거주하는 시민들이고 또 하나는 그 도시를 방문하는 사람들이다. 이 두 타입의 사람들을 위하여 공통적으로 도시가 제공하는 내용이 바로 건축물과 그 건축물의 주변에 있는 교통과 여가시설이다. 파리는 이 두 가지를 풍부하게 제공하기 때문에 최고의 도시로 여겨진다. 이것이 도시가 갖고 있는 콘텐츠이다. 백 개의 싸구려보다 한 개의 명품이 유리한 것처럼 도시를 대표하는 건축물 하나가 있으면 도시는 활기를 띠고 관광객들로 붐비게 된다. 건축물 하나가 도시를 살릴 수 있다는 것은 스페인의 작은 도시 빌바오가 증명하였다. 빌바오는 북부 스페인의 쇠락해가는 공업도시였으나 해체주의 건축가

에투알 개선문, 파리, 1836

그란데 아르슈 제2의 개선문, 라데팡스, 1989

프랭크 게리(Frank Gehry)가 이곳에 구겐하임 미술관을 건축하면서 세계적인 명소로 탈바꿈하였다. 이를 '빌바오 효과'라고도 한다

개념을 넘은 도시의 공공 건축물이란 어떤 것인지, 왜 도시는 개념이 있어야 하는지에 대해 의문을 가질 수 있다. 개념은 곧 이해이다. 개념이 없으면 혼란스럽다. 도시도 개념이 없으면 혼란을 준다. 그렇다면 도시는 왜 읽혀야 하는가? 도시는 많은 일이 일어나기 때문에 읽히지 않으면 시민들에게 불안감을 줄 수 있기 때문이다. 그래서 도시는 '열어두고' '함께한다'는 개념이 있어야 한다. 이것은 곧 평등함을 뜻한다. 도시민 모두에게 도시는 평등해야 하는 것이다. 건축물은 도시의 기억 포인트이다. 도시의 모든 건축물은 좋은 기억으로 봉사해야 한다.

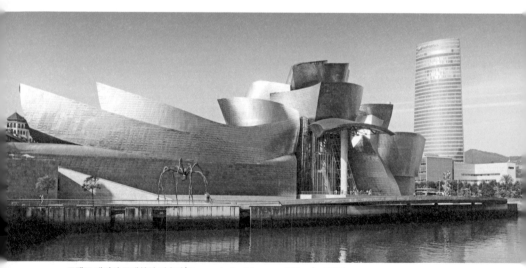

프랭크 게리의 구겐하임 미술관(Guggenheim Museum Bilbao), 스페인

02

도시가 선사하는
경험

육체적이지만 정신적인

도시는 단순히 대지가 아니고 많은 내용과 상황이 벌어지는 공간이다. 그래서 도시 계획은 도시가 어떤 기능을 하는지 알고 이를 실천하게 만드는 사람이 작업해야 한다. 도시는 젊은이가 주인이 되어야 한다. 그들이 자신의 도시에 대한 계획을 세우고 미래를 준비할 수 있어야 하며 젊은이가 살고 싶은 도시를 만들어야 한다. 이것이 도시의 콘셉트이다. 그러면 다음 세대가 또 젊은이를 위한 도시를 준비할 것이다. 그렇다면 도시는 젊은이에게 어떤 기억을 주어야 하는가? 자유, 꿈, 미래 또는 도약할 수 있는 계획을 주어야 한다. 미래에 이 도시는 어떻게 변화해야 하는지 젊은이가 꿈꾸고 그 꿈을 만드는 도시가 계속 젊어지는 것이다.

산업혁명 초기, 도시에 대한 계획보다 산업 발전에 초점을 맞추어 발달한 도시는 상당한 문제를 일으켰다. 도시와 시민의 자유는 물론 건강한 도시 개발에 대한 자유도 있어야 한다. 하지만 많은 행정가들이 시민의 시위로 독단적인 판단을 하여 미래 지향적이지 못한 도시를 계획하는 경우가 있는데 약은 약사에게, 도시는 도시 전문가에게 맡겨야 건강한 도시가 유지된다.

도시가 건강하게 발전하려면 다양한 영역을 도시민에게 제공해야 한다. 사람들은 육체적인 부분보다 심리적인 영향에 더 민감하다. 그래서 도시는 물리적인 영역에서 심리적으로 해소할 수 있는 가능성을 제공해야 한다. 걷다가 멈출 수 있는 곳을 제공하고, 햇빛과 함께 그늘도 제공하며, 휴식을 취할 수 있는 공원과 같은 녹지도 제공하고, 수 공간에서 평화도 찾을 수 있도록 해야 한다. 선택적 공간이 가능해야 좋은 도시이다.

도시의 건축물이나 수 공간 그리고 산과 같은 녹지는 모두 물리적인 영역이지만 시민들이 모여서 새로운 환경을 만들고 이 시민들의 조합이 새로운 분위기를 창조해 내는 데 있어서 자연환경은 이 모든 환경의 기본적인 요소이며 시작이다. 자연환경 속에서 시민들은 내가 사는 도시를 이해하게 된다. 그래서 자연환경은 가능한 유지하고 보존해야 내 도시에 대한 영원한 추억을 간직할 수 있다. 그러나 도시가 무엇인지 모르는 행정가들은 행정이라는 인위적이고 시대적인 핑계로 자연을 손쉽게 변화시켜 후손들을 그 도시의 이방인으로 만들고 있다. 우리의 의식은 구체적이고 물리적인 환경에 영향을 받지만 무의식은 그 이상의 모습까지 본다. 따라서 어떤 도시가 우리의 무의식과 심리적인 면에 긍정적인 영향을 주는지 생각해 보아야 한다.

이야기가 있는 도시

많은 비용을 지불하여 탄생한 건축물이 한낱 도시의 덩어리로 남아 있다면 이는 낭비이다. 건축물은 저마다 메시지를 담고 있다. 이를 명확하게 깨닫는다면 그 도시는 이야기가 있는 도시가 될 것이다. 도시는 유니버셜 도시가 되어야 한다. 일반인뿐 아니라 장애인에게도 불편함이 없는 도시가 되어야 한다는 뜻이다. 유니버셜 디자인을 잘못 이해하면 장애인을 위한 디자인으로 오해를 살 수 있지만 사실은 그렇지 않다. 신체가 불편한 사람에게 편한 것은 신체가 불편하지 않은 사람에게는 더 편하다. 그것이 유니버셜 디자인의 개념이다.

도시는 건축물보다 우선되어야 한다. 건축물은 일정한 목적을 갖고 있는 사람들을 위한 기능으로 출발하지만 도시는 도시 구성원 모두를 위한 기능을 포함하고 있어야 하기 때문이다. 건축물은 공간의 한정된 영역에 의하여 출발하지만 도시는 대지의 내용물에 의하여 만들어진다. 도시는 시민에게 자유로운 곳이지만 구성이나 흐름은 시스템을 갖추어야 한다. 그래야 시민들이 시스템에 익숙해지고 그 시스템에 반한 시도를 할 수 있기 때문이다. 정부가 만들어 놓은 도시 시스템이 있어야 시민들이 그 안에서 역으로 이용할 수 있는 자유를 만들어 낸다. 도시가 시스템 없이 즉흥적인 반응만을 보인다면 시민은 늘 도시에서 긴장된 생활을 할 수밖에 없다. 시스템은 곧 역사적인 도시 구조에서 시작한다.

도시는 이야기를 담고 있어야 한다. 파리는 자유로운 젊은이가 있

고, 뉴욕은 자유로움이 있으며, 베를린은 역사의 아픔이 있고, 런던은
신사적인 풍요로움이 있다. 그렇다면 서울은 무엇이 있는가?

파리시에는 코드가 있다. 빌바오는 문화 코드가, 프랑크푸르트는
금융 코드가, 샌프란시스코는 언덕이 있으며, 라스베이거스는 카지노
라는 도시 코드가 있다. 우리나라의 정선도 카지노를 도시 코드로 꼽
을 수 있다. 이렇게 도시가 코드를 갖고 있으면 건축가들은 도시에 건
축물을 설계하는 데 있어서 방향과 힌트를 얻게 된다. 과거의 공공 건
축물들은 대부분 권위적이며 클래식한 형태를 갖추고 있다. 은행, 시
청 그리고 법원 건물이 대표적인 예이다. 그러나 이제 도시는 시민들에
게 권위적이지 않기 때문에 공공 건축물 또한 권위적으로 보일 필요는
없다. 건축물은 그 도시를 나타내는 조형물이기 때문이다.

건축물은 그 도시의 일정한 성격을 나타낸다. 이것이 도시 코드이고
도시 이야기이다. 그러나 도시민들은 다양한 신념을 갖고 도시에서 살
아간다. 그래서 도시는 다양한 도시민들의 신념을 모두 수용해야 한
다. 보수적이거나 진보적인 성향을 갖고 있는 사람, 역사를 중요시하
거나 그렇지 않은 사람도 있다. 도시는 이러한 성향을 모두 포용해야
한다. 그래서 반드시 한 가지를 선택해야 할 필요는 없다. 상반됨의 공
존이 가능한 곳이 바로 도시이다. 보수와 진보가 어우러지고 민주와
반 민주가 어깨동무하며 역사주의와 반 역사주의가 어울리는 곳이 도
시이다. 그러나 파시스트적인 건축물이 들어서는 것은 아픈 역사이다.

우리가 여행에서 돌아올 때 우리 도시의 이름이 등장하면 안도감을
얻는 이유는 무엇인가? 이는 물리적인 거리에서 비롯된 감정일 수도

있지만 내가 아는 도시, 나의 것이 있는 도시, 그리고 나의 추억이 있는 도시에 대한 심리적인 원인 때문이다. 이러한 것을 생각할 때 도시계획은 아주 중요하다.

도시는 음악이다

도시에서 우리는 참으로 많은 경험을 할 수 있다. 이 경험이 만일 흥미롭고 유익한 것이라면 그 도시는 사랑을 받을 것이다. 이 경험이 바로 인간과 도시 간의 대화이다. 그런데 아무런 대화가 없는 침묵의 도시가 있다. 차라리 이것은 참을 만하다. 하지만 불쾌한 경험과 긴장감, 그리고 불안정한 경험을 하게 만드는 도시도 있다.

인간이 고등동물이라고 하는 것은 모든 촉감에 대해 절대가치를 줄 수 있기 때문이다. 1차적인 욕구는 육체의 안정된 상황이다. 2차적인 욕구는 교환할 수 있는 풍족함이다. 이 2차적인 욕구는 경계선에 놓여 있다. 1차적인 욕구와 경계를 이루는 것이 바로 정신적인 것이다. 좋은 사회는 이 보이지 않는 정신적인 관념을 존중한다.

이 정신적인 부분에서부터 우리는 인간임을 인정받게 되고 고등동물의 범주에 들어서게 된다. 1차적인 욕구를 충족시켜주는 것은 물질이다. 정신적인 욕구를 채워주는 것은 예술이다. 그래서 예술은 보이지 않는 것을 보이게 하고, 들리지 않는 것을 들리게 하려고 끊임없이 시도한다. 이 분주한 시도를 통해 우리의 육체와 정신 사이에 트랜스포

머(Transformer) 또한 분주히 움직인다. 숨을 쉬고 음식물을 먹으면 산소와 영양소가 심장과 각 기관을 통하여 공급되듯이 예술은 우리의 의 ~~도외는 생각없이~~ 육체와 정신에 영향을 끼친다. 우리는 보이는 것만 인식하지만 이렇게 도시 속에는 심리적인 상황들도 분주히 작용하고 있다. 무의식과 의식을 연결하는 심리적인 요소들이 구체적인 사안으로 다뤄질 때 그 사회는 존중받는 사회가 될 것이다.

여기에는 시민의 수준이 상당히 중요하다. 모던의 시작인 아트 앤 크래프트(Art&Craft)의 운동가 윌리엄 모리스는 이를 깨닫고 시민의 수준을 끌어올리기 위해 평생을 바쳤다. 시민의 수준이 높으면 전문가가 인정받는 사회가 될 수 있지만 지식 수준이 낮을 경우 모방과 표지만이 주를 이루는 사회가 될 수밖에 없을 것이다. 『건축의 이해』의 저자 윌리엄 카우델은 박자를 건축에서 보는 창문의 나열에 비유하였다. 아래의 그림을 보면 창문들이 나열되어 있다. 하나씩 나열되어 있을 경우 한 박자와 같으며 두 개씩 나열되어 있을 경우에는 두 박자와 같다. 세 개씩 나열되어 있으면 왈츠의 3박자 같은 배열, 그리고 네 개씩 나열되어 있는 경우에는 우리에게 친숙한 트로트의 4박자 배열이다.

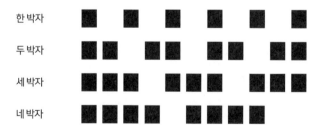

예를 들어 차를 타고 지나가다 창밖을 바라볼 때 건물과 하천, 뒷산 등 명확한 요소가 눈에 들어올 때가 있다. 이때 우리의 눈은 건물, 하천 또는 뒷산 등 명확한 요소를 바라보지만 우리의 무의식은 이 세 가지 요소를 투영하여 머릿속에 이미지에 대한 기억을 저장한다. 긍정적인 저장을 위하여 각각의 요소들은 자신의 특징을 차별화하는 것이 좋으며 각 요소들을 어울림으로 보는 것이 좋다. 등고선이 뚜렷한 고저를 보이는 산이 있는 반면, 완만한 형태를 보이는 산도 있다. 하지만 이를 단번에 인식하기는 어렵다. 산은 일정한 형태를 유지하는 반면 건축물은 디테일이 강하기 때문이다. 더욱이 건축물들의 색깔이 명확히 구분되어 있다면 뒷산과 같은 배경은 시야에서 사라지고 만다. 도시라는 것은 구성 요소에 의하여 그 성격이 구분되기 때문에 사람과 차량의 동선뿐 아니라 시각적인 동선의 계획도 있어야 한다. 자연과 같이 오랜 시간 다듬어진 완벽한 형태를 만들어 낼 수는 없지만 자연스럽게 만들어진 상황에 인위적인 요소는 부수적으로 흡수되어야 한다.

위의 그림은 실제 어느 지역의 풍경을 토대로 산의 등고선과 건물의 스카이라인을 연결해 본 것이다. 이 선을 살펴보았을 때 두 선의 개성

은 서로 강렬한 성격을 띤다. 이것은 아무것도 없다는 의미다. 즉 많은 것은 없다는 것과 같은 의미이다. 흐름이 단순한 등고선에 비해 다양한 스카이라인의 행태가 오히려 혼잡함을 유도하고 있다. 이것은 자연스러웠던 환경을 인위적으로 혼잡하게 만들었다고 볼 수 있다.

 자연의 흐름을 우리가 막을 수는 없다. 이 흐름은 그대로 두는 것이 좋다. 자연에 인위적인 것을 첨가하고자 할 때 인위적인 요소를 살리기 위해서는 자연과 '구분'해야 한다. 건축물이 반주라는 위치를 잃지 않고 멜로디의 흐름에 첨가되는 스스로의 역할을 잃지 않아야 한다는 뜻이다. 아래의 사진은 평창의 휘닉스파크이다. 건축물(반주)이 들어서 있지만 등고선(멜로디)의 내용보다 많지 않으며 등고선의 흐름을 방해하지 않고 선의 흐름에 따라 건축물의 높이도 달라지고 있다. 현재 산등성이에 마구잡이로 들어서는 아파트를 보았을 때 이러한 광경을 아직까지 유지하고 있는 것은 참으로 행운이라고 할 수 있다. 여기에는 자

연이 만들어 내는 음악의 흐름이 있다고 본다면 저곳에 존재하는 곡선들이 음이라고 생각할 수 있을 것이다. 우리가 해야 할 작업은 이미 존재하는 이 멜로디를 더 돋보이게 할 수 있는 반주를 첨가하는 것이다.

지금까지 음악적인 동기를 유발하여 도시가 환경과 조화를 이룰 수 있는 가능성을 논해 보았다. 음악적이든 도시 건축적이든 궁극적으로 동일한 것은 설계의 처음부터 끝까지 잃으면 안 되는 것, 그것은 바로 콘셉트라는 것이다. 도시가 추구하고자 하는 성격이 있어야 도시를 채우는 사람들의 목적이 뚜렷해지기 때문이다. 그러나 동기를 주지 못한다면 도시는 방향도 없으며 판단의 기준도 찾을 수 없게 된다. 도시는 자기만의 코드를 유지해야 한다. 시대적인 기술과 가능성이 도시의 콘셉트를 변화시킬 수는 있어도 기본적인 도시의 색은 유지해야 한다. 도시는 건물과 다르게 규모나 역사성을 갖고 있기 때문이다.

도시는 미술이다

소리는 1차원에서 시작한다. 악보는 선으로 이루어져 있으며 소리의 흐름도 직선으로 이동한다. 그래서 성악의 경우 높은 파트와 낮은 파트 그리고 여성 파트와 남성 파트로 높이를 만들고 악기도 여러 파트로 나누어 연주를 한다. 1차원적인 소리에 높이와 폭을 만들어 3차원으로 형성하려는 것이다. 그러나 음악은 연주가 끝나면 기억 속에 남지만 소리는 일반적으로 사라진다.

미술 또한 다양한 표현을 보여주지만 화폭은 기본적으로 2차원에 담겨 있다. 조형물과 같이 볼륨을 가진 형태는 3차원에서 시작하다 공간을 인간이 움직일 수 있는 기능을 갖는 것이라 정의한다면 조형물을 건축으로 볼 수는 없다. 화폭은 2차원이지만 화면에 포함한 내용에 따라서 3차원으로 간주할 수도 있다. 여기서 건축은 4차원으로 볼 수 있다. 건축은 공간을 포함하기 때문에 3차원으로 시작하지만 시간에 따라서 얼마든지 그 조형적인 변화가 달라질 수 있기 때문이다. 건축에서 건물을 설계할 때 이러한 4차원적인 변화까지 고려한다면 더 좋은 건물이 탄생할 수 있다.

뉴저지에 있는 리차드 마이어의 그로토 하우스(Grotto House)는 마이어의 어릴 적 친구 집이다. 오른쪽의 두 사진은 각각 햇빛이 가득한 낮 시간과 밤이 되었을 때 찍은 것으로 건물의 이미지가 다르다. 시간에 따라 형태가 달라 보이는 것으로 이렇게 건축은 4차원의 개념으로 디자인되어야 한다.

음악, 미술 그리고 건축은 각기 서로의 영역에서 표현하는 것도 다르지만 존재의 차원에 따라 우리에게 주는 느낌도 다르다. 그러나 이 구분은 명확하게 나누지 않는 것이 좋다. 음악이 있는 건물 또는 미술을 담고 있는 건물이 존재할 수 있기 때문이다. 그리고 이 세 가지는 인간에게 기쁨을 줄 수 있는 영역이며 우리의 상상을 살찌우는 역할을 한다. 그래서 인간의 역사와 함께 음악과 미술, 건축은 끊임없이 탄생되는 것이다. 하지만 음악의 선율이 아무리 섬세하다 해도 인간의 감정만큼 섬세할 수는 없다. 그림이 아무리 뛰어나도 우리의 마음만큼 아름다울 수는 없다.

리차드 마이어의 그로토 하우스(Grotto House), 미국 뉴저지

음악을 작곡할 경우 즉흥곡이라 해도 틀은 있다. 미술 또한 콘셉트가 존재한다. 우리가 사는 도시의 가장 큰 틀과 고정적인 콘셉트는 자연이다. 인간은 자연에 이미 익숙해져 있다. 익숙하다는 것은 편하다는 것이다. 우리가 갖고 싶은 도시의 이미지를 정해 놓고 그에 따라서 발전시킨다면 도시는 인간에게 훨씬 더 유익할 것이다. 우리가 사는

도시는 조형물로 가득 찬 공간이다. 도시에 있는 건축물은 도시를 위한 조형물이기도 하다. 우리의 눈은 하나의 뚜렷한 사물을 바라보지만 우리의 무의식은 전체를 보며 인식하게 된다. 이러한 자료들이 모여서 기억의 데이터로 저장된다. 즉 도시는 우리가 원하든 원하지 않든 우리의 머릿속에 잠재해 있고 우리에게 영향을 미친다는 것이다. 그런데 우리가 본 전체적인 것들이 모두 데이터로 기억 속에 저장되지는 않는다. 심지어 어떤 도시는 전혀 기억에 저장되지 않는 경우도 있다. 또는 아름답게, 또는 흉한 기억으로 남기도 한다. 그 배경에는 도시 구성의 원리가 잠재되어 있다. 도시의 형태들은 3차원 이상이지만 우리에게 각인되는 것은 마치 영상의 화면처럼 평면적이다. 이를 생각하고 사람이 바라보는 눈높이의 위치를 생각하면서 도시가 형성되어야 우리의 사고 속에 긍정적인 영상이 만들어진다.

음악이나 미술을 감상하기 위해서는 관람자가 선택하여 그곳을 찾아가야 한다. 그러나 건축물은 언제나 도시에 있다. 그림이나 미술은 만든 이의 의도가 많이 담겨 있지만 건축물에는 내재된 변수가 너무나 많다. 환경의 요소, 도시의 구성 요소, 햇빛의 양 그리고 도시의 번잡함에 따라 느낌이 모두 다르며 관찰자의 기분에 따라서도 건축물에 대한 느낌이 다를 수 있다. 건축물은 도시의 구성 요소에 따라 하나의 조형물처럼 작용할 수도 있다. 그렇다면 장소는 미술의 캔버스와 같다. 설계를 할 때 환경 평가, 배치도, 입면도를 그리는 목적이 바로 여기에 있다. 미술가들이 대상을 결정할 경우 소재에 대한 선택이 즉흥적이지는 않을 것이다. 특히 정물화의 경우에는 그 대상의 선택에 심사숙고할 수밖에 없다. 어떤 그림이든 전달하려는 내용이 반드시 있다. 그림의 제목이 무제일 경우라도 마찬가지이다. 관찰자는 그림을 통해서 화가의 메시지를 읽는다. 그 대화가 정신적인 것, 그리고 섬세한 감정을 다루었을 때 우리는 감정의 변화를 얻게 된다.

건축물도 이 범주에서 크게 벗어나지 않는다. 단지 일반 조형물과 스케일이 다르고 관찰자가 직접적으로 경험하는 대상이라는 것이 다를 뿐 건축물에 속하지 않는 관찰자에게 그 건축물은 도시를 구성하는 큰 조형물 이상은 아니다. 물론 역사적인 배경이 담겨진 대상일 수도 있다. 소위 훌륭한 건물은 그 설계 자체나 건물의 디자인 등 하나만을 보고 말할 수 없으며 이 모든 것을 만족시켰다 해도 동일한 건물이 다른 장소에 놓이게 된다면 전혀 다른 이미지를 전달할 수도 있다. 이것은 곧 설계 초기에 설정하게 되는 장소에 대한 의미가 건축물에 담겨 있기 때문이다.

프랭크 로이드 라이트의 낙수장(Falling Water)은 자연을 품은 유기적 건축이라는 그의 콘셉트를 잘 나타낸 훌륭한 작품이다. 이렇게 훌륭한 건축물을 볼 수 있다는 것은 기뻐할 일이다. 훌륭한 작품은 언제나 후세에게 새로운 출발점과 가능성으로 작용한다. 건축가는 이 작품을 통해 공간의 창출뿐 아니라 환경과의 조화도 반영했다. 이 환경이 건물을 더욱 돋보이게 하고 있는 것이다. 환경만 훌륭한 것이 아니라 그의 작품이 환경을 더욱 돋보이게 하고 있다.

지역적인 재료와 나무의 수직, 그리고 대지의 수평이 이곳을 구성하고 있다. 물은 흘러야 한다는 그의 생각대로 이 건축물은 흐르는 폭포를 거스르지 않고 폭포와 공존하며 지어졌다. 내부의 바닥이 외부의 바닥으로, 그리고 외부의 바닥이 내부의 바닥으로 연결되어 가는 ㄱㄱ가 우에는 쉽게 만나. 난지 건축물만으로 라이트의 천재성을 인정하는 것은 아니다. 좋은 건축물과 나쁜 건축물은 없다. 잘 표현한 건축물과 잘 표현하지 못한 건축물이 있을 뿐이다. 우리는 그의 건축물만 보아서는 안 된다. 우리의 눈으로 들어오는 캔버스에 잡힌 구성을 보아야 한다. 하나의 그림으로서 무리하지 않은, 그리고 이질적이지 않은 조화를 보아야 한다. 오른쪽 사진은 그의 건물을 전혀 다른 장소인 프랑크푸르트의 시내로 옮겨 본 것이다. 동일한 건물이지만 전달하는 이미지는 많이 다르다. 정물화와 같은 느낌을 전달하면서도 배경의 역할이 얼마나 중요한지 일깨워준다. 건축에서 설계를 할 경우 우리가 대지의 환경을 미술적인 캔버스로 옮기는 상상을 해보는 것이 좋다. 요즘은 그래픽의 발달로 얼마든지 가능한 일이다. 이 건물이 카프만 주택보다는 낙수장으로 더 알려진 이유에 우리는 주목해야 한다. 건축물과 환경은 움직이는 미술이다. 즉 장소가 바뀌면서 건축물이 갖는 이미지가 전혀 다른 느낌을 주는 것을 알 수 있다.

　미술이나 사진 등에서는 구도를 중요시한다. 미술에서 구도는 작가의 의도가 첨가된 것이라고 볼 수 있다. 작가는 화폭에 형태를 넣을 때 어떤 구도를 잡을 것인지 결정한다. 구도의 선택은 작가의 의도이지만 이 표현이 일반적이라면 여기에는 이미 일반적인 구도가 존재한다. 이 구도는 건축에 필수 사항은 아니다. 건축은 미술과 다르게 방위가 있어 보는 방향이 다르기 때문이다.

(좌)프랭크 로이드 라이트의 실제 낙수장
(우)프랑크푸르트의 시내로 옮긴 낙수장

건축가는 설계를 할 때 여러 요인을 관찰하고 조사한 후 작업을 하게 된다. 그렇기 때문에 사진이나 미술에서 사용되는 구도를 설계 작업에 사용하는 것도 하나의 방법이라고 말할 수 있다. 구도를 결정하는 바탕에는 변화, 균형 그리고 통일감에 대한 의도가 있어야 한다. 또한 대상을 배치할 때는 자연스럽게 하는 것이 가장 좋다. 자연의 구도처럼 수직과 수평을 의도적으로 만들어 보는 것이다. 그리고 건축가는 어디에서 이 건물을 바라보아야 좋은 구도가 나타나는지 구상해야 한다.

　도시는 여러 요소로 채워져 있지만 건물은 도시를 형성하는 주요 요소이다. 우리의 기억 속에서 도시를 떠올리는 경우 건물은 기억의 대상으로 작용한다. 좋지 않은 구도는 기억을 살리는 데 어려움을 준다. 설계의 근본은 도시이다. 건축가는 건물을 설계하지만 건물은 도시를 구성한다. 그렇기에 설계자는 건물로 인하여 도시가 어떻게 달라지는지 반드시 생각해야 한다.

03

우리의 도시는
안녕하십니까?

이미 예측된 위협

모든 건축은 주거에서 시작되었다. 과거 자연 속에서 생활했던 주거 형태가 도시라는 영역으로 변화하면서 자연으로부터 멀어졌지만 인간의 마음속에는 자연을 그리워하고 대지와 가까운 주거 형태를 그리워하고 있다. 우리나라의 경우에는 인구 감소 현상이 지속될 것으로 보인다. 따라서 지금보다 주거 건축물의 필요성이 감소되어 대지에 기초를 둔 건축물(단독 주택)에 대한 열망이 지금보다 더 강해지고 머지 않아 이를 실현하는 시기가 올 것으로 예상된다. 주택은 개인 주택, 연립 주택, 땅콩 주택, 단지형 단독 주택, 블록형 단독 주택 그리고 아파트 등으로 분류할 수 있는데 주택은 5층 이상일 때 아파트로 구분한다.

아파트와 연립주택

　공동 주택은 아파트, 연립, 다세대 등이 있는데 여기서 다가구 주택은 예외이다. 기준은 소유주이다. 건축물의 소유주가 한 명인 주택은 다가구가 살고 있어도 공동 주택이 아니다. 이러한 기준이 중요한 이유는 문제가 발생했을 때 법적인 조치가 다르게 적용되기 때문이다.

　땅콩 주택의 기준은 바로 필지이다. 한 필지에 두 가구가 나란히 지어진 경우로 땅콩 껍데기 안에 두 개의 땅콩이 들어간 경우를 생각하면 쉽다. 땅콩 주택은 마당을 공유하며 땅값과 건축비가 일반 단독 주택보다 저렴하다. 단지형 단독 주택은 개발업자가 단지 조성을 위하여 모든 작업을 완전히 마무리한 후에 분양하는 형태이다. 이는 개발업자가 대지를 매입해 단독 주택을 분양하는 것이라 생각하면 쉽다.

이에 비교되는 것이 블록형 단독 주택이다. 블록형 단독 주택은 개별 필지로 구분하지 않고 적정 규모의 블록을 하나의 단위로 설정하여 공급함으로써 대지 및 기반 시설 등의 설치에 필요한 부지를 공유한다. 이를 통해 주차장, 상하수도, 전기, 어린이 놀이터 등 공동 이용 시설의 관리상의 효율성을 제고할 수 있다.

블록형 단독 주택과 단지형 단독 주택의 큰 차이점은 공유 부지의 유무이다. 단지형 단독 주택은 100% 독립형으로 자신의 대지 위에 것만 권리가 있다. 그러나 블록형 단독 주택은 대지를 블록형 단위로 구분한 것으로 주택은 개인 소유이지만 한 블록의 대지는 그 블록의 가구 수만큼 분할된 것이라 보면 된다.

땅콩 주택

단지형 단독 주택

블록형 단독 주택

과거에는 단독 주택이 주를 이루었으나 점차 집단생활이 여러 가지 면에서 편리하여 지역적인 구조로 도시가 만들어졌다. 도시는 여러 가지 사회 시설을 구비하면서 산업화의 성장을 이루었고 이에 도시와 농촌이 구분되기 시작했다. 그러나 초기에는 도시와 농촌의 성격이 명확하지 않았고 농촌 인구가 더 많았다. 그래서 도시 또한 인구 밀집에 대한 고민이 없었다. 그러나 산업화가 일어나면서 도시 규모보다 농촌에서 유입되는 인구의 숫자가 더 많아졌고 이로 인해 도시가 포화 상태가 되면서 주거가 새로운 사회 문제로 떠오르게 되었다. 이는 도시 계획이 정립되기 전의 현상으로 도시들은 의도치 않게 불균형적인 발전을 맞이하게 되었다.

도시의 불균형한 발전은 도시의 질을 저하시키고 이는 도시 인구 이동에 대한 원인으로 작용한다. 그로 인해 수용할 수 있는 인구를 초과한 도시는 부동산 문제를 해결해야 한다. 산업혁명 시대에는 일자리 수급으로 인해 인구가 빠르게 도시로 몰려들었다면 현대에 들어서는 도시가 농촌보다 여러 가지 사회 기반 시설이 잘 조성되어 있고 회사와 학교 수준에서도 차이를 보이는 것이 도시 인구 집중의 원인이 되고 있다. 도시 인구가 균등하게 분포하려면 이러한 시설들이 먼저 균등하게 제공되어야 한다. 각 도시에 균등하게 기업들이 자리 잡고 있어야 하며 대학교가 한 도시에 밀집되어 있으면 안 된다. 모든 도시가 홀로서기를 할 수 있는 능력을 갖추어야 한다.

1970년대 초 이미 건축가 김중업이 이에 대한 경고를 한 바 있는데 당시 정부는 이를 받아들이지 않은 것은 물론 해외로 쫓아내 1979년

박정희 대통령이 사망할 때까지 10여 년간 입국을 금했다. 지금 한국 사회는 대도시의 집중화라는 큰 문제에 부딪혔고 막대한 금액을 지불 하지 않고 나는 이러한 병폐를 해설하기 힘든 상태에 놓여 있다.

인구가 대도시로 빠져나가면서 지방은 점차 슬럼화될 양상을 보이고 있으며 이로 인해 지방의 사회 기반 시설은 무너지고 있다. 이는 정책으로 막을 수 있는 일이 아니다. 지방에 사람들이 편리하게 생활할 수 있는 기반을 만들지 않는 이상 대도시와 수도권 인구 밀집 현상은 계속될 것이다. 여기에 인구 감소는 이러한 현상을 더 부추기는 요인이 되고 있다.

전체 연령대에 걸쳐 인구가 감소하는 현상은 단순한 인구 감소 현상과는 분명히 차이가 있다. 인구가 전체 연령대에서 감소한다는 의미는 전염병과 천재지변 등 일시적인 현상을 의미하지만 낮은 출산율로 인한 인구 감소의 의미는 미래를 계산하지 않을 수 없는 현상이다. 출산율 저하로 인한 인구 감소 현상은 젊은이가 부양해야 하는 노년 세대가 많아진다는 것을 의미한다. 이는 고령사회에 접어들면서 생기는 현상이다. 여기까지는 모두가 알고 있는 사실이다. 이제 이것이 건축과 어떤 관계가 있는지 살펴보아야 한다.

감사원의 분석에 따르면 앞으로 100년 후 서울, 경기 그리고 부산을 제외한 지역은 텅 빈 지역이나 마찬가지라고 한다. 한국이라는 나라가 사라지고 마는 것이다. 따라서 인구 감소 현상이 계속된다면 지금 지어진 건축물 또한 모두 의미가 없어진다. 현재 부동산 가격의 폭등으로 인하여 주택 공급을 주장하는 정치가들이 있는데 이러한 감사원의 예측을 본다면 얼마나 미래지향적이지 못한 의견인지 알 수 있다. 현재만 바라보는 이러한 의견들은 추후 엄청난 문제를 갖고 올 것이 분명하기 때문이다.

아파트의 화려한 등장

인구가 감소해도 대도시와 수도권의 인구 집중화는 계속될 것이다. 그러므로 이러한 대단지들이 크게 문제되지는 않는다. 그러나 지방은 완전히 다른 현상이 벌어질 것이다. 비워진 단지가 생길 것이며 이로 인해 그 단지들은 슬럼화와 범죄의 온상이 될 것이 뻔하기 때문이다.

우리나라의 경우 아파트의 시작은 한국전쟁 후 전쟁 복구의 일환으로 주택의 대량 공급이라는 사회적 요구에서 비롯되었다. 이는 국가적 정책으로 시작하여 주택분과위원회에서 주도적으로 진행했다. 그런데 우리나라의 아파트는 주거가 아닌 호텔에서 시작했다. 아파트의 평면도 자체가 우리의 설계 방식이 아니었기 때문에 이에 대한 정보가 필요했다. 당시 우리나라에 있는 서구식 건축물은 서울역과 연계하여 들어선 독일 건축가 게오르크 데 랄란데(Georg de Lalande)가 설계한 4층 규모의 조선철도호텔이었다. 1967년까지 존재했던 이 호텔에 최초로 엘리베이터가 등장했는데 당시 우리는 이를 수직 열차라 불렀다.

게오르크 데 랄란데의 조선철도호텔
우리나라의 최초 서구식 건축물, 1958년 화재 당시 이미지

경선역(구 서울역)
1900년 7월 8일 경인선 노량진~경성 간 개통과 함께 남대문역(南大門驛)으로 영업 개시,
1923년 경성역으로 개명, 1947년 서울역으로 개명, 2003년 신 서울역 준공.

이 호텔에는 우리에게 생소한 공간들이 들어서 있었다. 응접실, 다이닝룸, 그랜드볼룸, 커피숍, 연회장, VIP룸, 당구장, 도서관이었다. 그리고 52개의 객실이 있었다. 이후 1938년, 더 높은 8층 규모의 반도호텔을 시작으로 1960년 11층 규모의 메트로 호텔, 1964년 18층 규모의 타워호텔, 1972년 새로 지은 20층 규모의 조선호텔, 그리고 1970년 24층의 도큐호텔이 들어서면서 건축물이 고층화가 가능하다는 것이 서서히 인식되기 시작했다.

아파트가 처음부터 인기 있었던 것은 아니다. 당시 사람들은 사람 위에 사람이 산다는 생활 방식이 어색했고 연탄, 아궁이에 익숙한 터였으므로 아파트에 대한 여러 가지 우려가 만연했다. 그래서 시도한 것이 연립주택이었다. 1963년, 수유동에 16평형 연립주택 26세대를 지었다. 그러나 연립주택이 완성될 즈음 아파트에 대한 인식도 변화하면서 건설이 부진해졌고 회사들이 종업원을 위하여 짓는 방식으로 전락했다. 1962년 마포아파트를 건립할 때까지는 기술과 자재 대부분을 외국에서 들여왔다. 대부분 상류층들이 아파트에 대한 인식이 앞섰기 때문에 일반인들에게는 꿈의 주택 또는 문화주택으로 불렸다. 여기에 1970년대 중반, 반포아파트 광고에서 한겨울에 반소매를 입은 주인의 모습, 온수를 틀던 꼬마가 "앗 뜨거!" 하며 지르던 비명 그리고 현관 초인종을 누르는 모습이 소개되자 아파트가 서서히 선망의 대상으로 떠올랐다. 이는 주거 정책뿐 아니라 건설 경기를 일으키는 요인이 되어 우리가 서구식 주거 형태에 익숙해지기도 전에 삶 속에 거부할 수 없는 주거 형태로 뿌리 깊게 자리 잡게 되었다.

욕망의 흥망성쇠

우리나라 아파트의 시작은 한마디로 호텔 평면도였다. 조선호텔에서 근무했던 정해직이라는 사람이 우리나라 최초의 아파트인 종암아파트의 계획과 건설에 참여하면서 아파트는 호텔의 모습을 담게 되었다. 그런데 현대의 아파트(5층 이상)와 연립주택(4층 이하)의 기준으로 본다면 우리나라 최초의 아파트는 충정아파트이다. 물론 우리나라 사람이 지은 것으로는 종암아파트가 최초이지만 건축물의 역사에서는 그렇지 않다.

충정아파트를 시작으로 전쟁 후 우리 사회에도 아파트에 대한 경험이 쌓이면서 주거 대책의 일환으로 아파트가 대안으로 등장했다. 그러나 처음부터 아파트를 계획한 것은 아니었다. 전쟁 후 많은 사람들이 생활고를 해결하기 위하여 서울로 모여들면서 서울은 혼란스러운 주거 형태를 이루었다. 특히 개천이나 물이 흐르는 지역은 다른 지역보다 여러 가지 면에서 생활하기 좋은 조건이었다. 그래서 물 주변에 사람들이

제2청계천 무허가 건물 철거
간선도로변에 위치한 2,500여 동의 무허가 건물을 철거하면서 동대문구
창신동 일대(오간수교~제1, 2청계교) 2,000여 동의 무허가 건물을 철거하고 있는 모습, 1965

모이면서 무허가촌이 자연스럽게 조성되었는데 대표적인 곳이 청계천 주변이었다.

청계천은 서울 가운데 위치하여 사람들이 정착하여 살아가기에 좋았다. 1950~1960년에 걸쳐 지방에서 올라온 사람들로 인하여 서울의 인구는 급증하였고 특히 청계천 주변은 어느 지역보다 사람들이 많이 몰렸다. 어느 날 이곳을 지나가던 박정희 대통령이 무허가 건물로 어수선한 청계천을 보고 당시 김현옥 서울시장에게 정리할 것을 지시했다. 충성심 강한 서울시장은 당장 이를 시행하게 되는데 이것이 바로 시민아파트의 등장 배경이다.

시민아파트는 이렇게 철거민 대상으로 등장했다. 서울 시장은 대통령의 지시를 해결하려는 의지를 불태웠지만 철거민이 너무 많아 대책을 세우기가 어려웠다. 그래서 일부는 서울을 떠나도록 설득하며 주거를 위한 방법으로 아파트를 계획했다. 이때 서울시장은 서울을 떠나는 사람들에게 다시는 서울로 돌아오지 않겠다는 서약서를 받아냈다. 이주 지역에 모든 것을 마련해 놓았다는 조건을 믿고 이주했던 사람들은 이주한 지금의 성남(당시는 경기도 광주 소속) 지역이 아무것도 없는 허허벌판임에 분노하여 들고 일어나는데 이것이 바로 경기도 광주대단지 사건이다.

서울 시장은 서울시에 남은 이들을 위한 대책으로 1969년에 400동, 1970년에 800동, 그리고 1971년에 800동, 총 2,000개 동의 서민아파트 건립을 계획하였다. 이는 실로 엄청난 주거 계획으로 실제 1969년도에는 목표보다 더 많은 406동을 완성하였다. 그러나 6개월 동안 이 많은 아파트를 완성했다는 것은 후에 많은 문제를 야기했음을 짐작할 수 있다. 특히 김현옥 서울시장은 안전모에 돌격이라 써 붙일 만큼 공사를 밀어붙였다. 서울시장의 불도저 같은 추진으로 1969년에 목표 이상을 채우고 1970년도에 800동을 목표로 41번째 아파트 공사를 진행하던 중 사고가 발생했다.

홍대거리 뒤 와우산 꼭대기에 세운 아파트는 1969년도 6월에 착공하여 6개월 만인 12월에 완공하였다. 건설 기술이 발달한 지금도 이 공사 기간에 아파트를 완공하기는 어려운 일이다. 당시 공사 원가가 낮았고 공기도 짧아 대형 건설사는 참여하지 않고 대부분 공사 경험이 없는 소규모 업체들이 15개 동을 나누어 공사했다. 15개 동 중 13~15동은 대룡건설이 시공하였는데 이를 다시 박영배라는 무면허 업체에게 하청을 주었다. 이 업체는 철근 70개가 들어가야 하는 기둥에 단 5개를 사용했다. 콘크리트에 시멘트, 모래 그리고 자갈을 비율에 맞게 배합해야 하는데 시멘트 양도 줄였다. 공기도 짧고 지반 공사도 이행하지 않았으며 당시 공사에 참여했던 회사들은 암반층이 무엇인지도 모른 채였다. 흙 위에 그대로 기둥을 세운 것이다. 아파트가 완공된 12월은 땅이 얼어 그런대로 지지하는 듯 보였다. 그러나 봄이 되어 해빙기가 오면서 흙이 녹아 기둥을 지탱하지 못한 아파트는 그대로 무너졌다.

처음에는 14동에서 이상이 생겨 이 아파트 거주민들만 대피시키고 수리를 하였는데 15동 아파트가 무너지면서 많은 사람들이 사망하고 부상을 당했다. 이외에도 문제는 많았다. 이 아파트는 빈민층의 입주를 목표로 하다 보니 1m²당 280kg으로 하중 계산을 했다. 그런데 중간에

서울특별시 와우아파트 붕괴 참사

업체와 공무원이 공사비를 착취하면서 비용이 올라가고 브로커가 개입하여 다시 금액이 상승하자 빈민층은 입주를 포기하고 입주권을 소위 '딱지 팔기'를 하였다. 새로운 거주 형태인 아파트에 관심을 보인 중산층에서 입주권을 사면서 무거운 가구와 많은 세간살이로 인해 1㎡당 900kg으로 중량이 증가하여 구조적 문제가 발생했다. 계속된 하청으로 단가는 내려가고 이로 인해 자재의 급수 또한 계속 내려갔던 것이다. 불행 중 다행인 것은 30세대 중 아직 15세대만 입주한 상태로 많은 인명 피해를 줄일 수 있었다는 점이다. 이 사건으로 인해 당시 공사 중이던 회현아파트는 좀 더 보강하기로 결정했으며 200개의 시민아파트는 공사가 중지되었다.

당시 지은 서울의 시민아파트 목록을 보면 지금은 대부분 흔적을 찾아볼 수 없거나 재건축으로 바뀌었다. 구조적으로 위험하여 유지가 어려웠던 탓이다. 시민아파트는 골격만 갖추고 문이나 창문, 그리고 많은 구분들 입주자가 직접 실시를 한 후 입주해야 했기 때문에 구조적 문제뿐 아니라 상태 또한 문제가 많았다. 여기서 시민아파트의 건설은 중단되고 좀 더 좋은 질의 아파트를 건설하기 시작했는데 바로 시범아파트였다.

여의도 시범아파트
복도형 통로, 엘레베이터, 냉·온수 급수와 스팀난방 등 최초의 현대적 단지형 고층아파트, 1971

여의도의 탄생

순식간에 엄청난 양의 시민아파트를 건설하다 보니 서울시는 많은 돈이 필요했다. 1971년, 서울시장이 양택식으로 바뀌면서 재원 마련을 위하여 낸 아이디어가 여의도 땅을 매각하는 것이었다. 그러나 부지를 사려는 업체가 등장하지 않자 서울시는 이곳에 아파트를 지어 분양하는 방식으로 전환했다. 시민아파트의 부실 문제를 답습하지 않으려 매우 튼튼하게 지어 당시 최고 수준의 아파트로 등장한다. 이것이 지금의 여의도를 탄생시키는 계기가 된다. 이후로 한국의 아파트는 아파트 공화국, 단지 공화국이라 불릴 만큼 아파트의 질과 형태의 다양한 등장을 불러온다. 특히 과거의 아파트들은 단지 주거의 형태만 취하고 있었는데 이후에는 편리함을 더하고 서비스 시설의 질을 높인 초고층 주상복합 아파트도 등장한다.

아파트의 시초를 정확하게 말하기는 어렵지만 지금 아파트 형태의 원조는 르 코르뷔지에로 꼽는다. 그러나 그도 처음부터 이러한 아이디어가 튀어나오지는 않았을 것이다. 아파트의 장점은 제한된 영역을 다수가 효율적으로 사용한다는 데 있다. 이러한 개념으로 보았을 때 과거에도 이 같은 건축물은 있었다. 철근 콘크리트와 철골의 발견 그리고 엘리베이터의 발명은 건축에서 인간에게 더 많은 가능성을 제시하였다. 그러나 아파트가 부지를 효율적으로 사용한다는 장점은 있지만 이에 따른 단점 또한 배제할 수 없다. 교통 혼잡, 에너지의 과소비 등이다.

르 코르뷔지에의 유니테 다비타시옹(Unité d'habitation), 프랑스 마르세이유
프랑스 최초 아파트, 1952

    가장 큰 문제는 이 모든 문제가 친환경적이지 않다는 것이다. 여기에는 탄소 배출이라는 문제가 인간의 미래를 위협하고 있고 이는 반드시 해결해야 할 문제다. 너무 첨단적인 것이 반드시 인간에게 언제나이로운 것은 아니다. 르 코르뷔지에가 산업화로 인해 도시로 몰려드는사람들을 위한 주거 해결 방안으로 아파트를 제안했지만 그보다 먼저기존의 도시 형태를 유지하면서 새로운 건축물을 배치하는 방법을 찾으려고 노력해야 했다. 이것이 중요한 이유는 기존의 도시 형태는 오랜 시간 동안 인간의 삶에 긍정적임을 스스로 입증하였고 도시민들에게 안정적인 도시 생활을 제공하였기 때문이다. 도시는 안에서부터 확장되어야 하는 것이 아니라 변두리에서 퍼져나가야 한다. 그리고 자연은 인간만의 영역이 아니고 자연의 동식물과 공유하는 영역이다. 그렇기에 언제나 친환경적인가를 반드시 생각해야 한다.

유럽의 아파트

인슐라(Insula), 이탈리아
나무와 벽돌, 진흙 등 원시적인 재료들을 사용한 고대 로마의 집합주택

시밤(Shibam), 예멘
유네스코 세계문화유산에 등재된 흙으로 지은 가장 높은 건물(30m), 16세기

다시 주택을 고민하자

주택 문제 해결이라는 주제 아래 우리의 아파트는 거의 전 도시를 채워나가고 있다. 하지만 부동산 문제는 사회 이슈가 되고 있으며 국민의 100%가 자가 주택을 보유하고 있는 것은 아니다. 서울과 수도권을 제외하고는 주택 보급률은 100%를 넘는다. 서울과 수도권은 보급률이 낮은 반면 지방은 보급률이 높다. 이를 다르게 분석하면 전국 지역에 비하여 서울과 수도권에 인구가 집중된 까닭임을 알 수 있다. 즉 그 지역에 사는 주거 인구가 중요한 요인이다. 수도권과 서울의 주택 보급률은 앞으로 더 내려가고 지방은 오히려 더 높아질 것이다. 이유는 출산율 저하로 인한 인구 감소 현상 때문이다. 앞으로도 계속 인구가 감소한다면 지방의 주택 보급률은 더 높아질 것이다. 그러나 인구 집중화로 거주 인구가 수도권으로 몰리면서 수도권과 서울은 오히려 인구 수가 늘어나 주택 보급은 더 낮아진다.

지방은 떠나간 인구가 남긴 빈집이 늘어날 것이며 멸실 주택(건축법상 주택의 용도에 해당하는 건축물이 철거 또는 멸실되어 더 이상 존재하지 않게 된 경우로서 건축물대장 말소가 이루어진 주택)도 증가할 것이다. 수도권과 서울에도 멸실 주택이 증가하고 있다. 하지만 이는 지방과 반대의 이유이다. 지방은 인구 감소로 사회 기반 시설이 감소하여 살기 어려워지면서 멸실 주택이 늘어나는 반면 수도권이나 서울은 늘어나는 인구로 인해 제한된 영역에 주택 문제를 해결하기 위하여 단독 주택이나 연립 주택 지역의 집을 허물고 이 지역에 아파트 같은 대단지를 건설하고 있기 때문이다.

서울의 아파트와 지방(경상도)의 단독 주택

2016년부터 2017년까지의 멸실 주택률은 다른 해보다 높은 것으로 나타났다. 멸실 주택의 증가는 한 해에 걸쳐 나타나는 현상이 아니라 이같이 2~3년에 걸쳐 일어나는데 이는 건설 기간이 짧지 않기 때문이다. 분명 경제적인 상황이나 어떤 현상이 발생하면서 이 기간에 집을 허물고 아파트나 대단지 건설이 시행되었다는 의미이다.

멸실 주택을 유형별로 살펴보면 다가구나 단독 주택이 언제나 아파트보다 멸실률이 높다. 규모 면에서 아파트의 멸실률이 높아서는 안 된다. 그런데 아파트의 멸실률도 의외로 높은 수치를 나타내는데 이것은 단지형 아파트가 아니고 독립적으로 건축된 아파트의 경우일 것이다. 다가구, 단독 주택이나 독립형 아파트를 철거하여 대단지 아파트를 짓기 때문에 나타나는 현상이다. 이는 도시가 경제적인 상황이 안정되지 않아 이동 인구가 많아지는 것이 원인이 될 수도 있다. 그러나 고령사회 진입도 큰 영향을 미친다. 의학이 발달하면서 정년 후의 인구가 사회활동을 지속할 수 있고 고학력 인구가 늘면서 정년 후 새로운 삶을 시도할 수 있게 되었다.

현재는 노후 대책에 대한 경제적 어려움 해결이 우선이지만 2030년 후에는 지금과는 판이한 상황에 맞닥뜨릴 것이다. 대가족 형태에서 핵가족 형태가 굳어지면서 큰 규모의 주택보다 작은 규모의 주택을, 그리고 월세 형태를 선호하게 될 것이다. 전기나 수소 자동차의 보급으로 자동차 유지비가 감소하여 더 많은 인구가 자동차를 보유하게 될 것이다. 이로 인해 생활권이 넓어지고 단위 면적당 주택 보급률이 높아지게 되어 아파트나 공동 주택보다 단독 주택에 대한 선호도가 더 높아질 것이다. 아파트는 수요가 낮아져 가격이 하락하며 다양한 생활로 삶의 질은 높아질 것이다.

4차 산업혁명의 영향으로 인터넷이 더욱 발달해 재택 근무의 생활 형태로 바뀌면서 아파트보다는 개인 주택을 선호하게 될 것이다. 이는 젊은 세대보다 정년을 한 세대에서 더 뚜렷하게 나타나게 될 것이다. 그러나 완전히 독립된 단독 주택은 여러 가지 면에서 불편할 수 있어 블록형 단독 주택 또는 단지형 단독 주택 같은 형태가 단지형 아파트보다 더 선호되는 경향이 생길 것이다. 이러한 단독 주택 단지 내에는 수영장, 골프장, 헬스장, 미디어 공간, 바베큐장 등 여러 가지 서비스 시설들을 갖추며 주거와 휴식을 동시에 즐길 수 있는 구조로 조성될 것이다.

서울의 주택 수요를 분석한 결과 50대 이상 연령이 주택 수요에 직접적인 영향력이 있는 것으로 분석되었다. 70대 이상 연령 추정 계수가 감소하지 않는 것으로 보아 노년층이 주택 수요에 상당한 영향을 주는 것으로 나타났다. 다음으로 추계 인구를 통해 서울시의 2010년부터 2030년까지 5년 단위로 주택 수요를 분석하였다. 그 결과 향후 주택 수요는 점차 감소할 것으로 전망됐다. 특히 현재 가장 높은 주거 비율을 차지하고 있는 아파트의 수요가 2025년을 기준으로 감소할 것으로 예상되었다. 단독 주택의 수요는 계속하여 증가하나 시간의 흐름에 따라 증가율이 점차 감소하고, 연립주택 역시 2030년부터 주택 수요가 꾸준히 감소할 것으로 전망되었다. 일반적으로 인구 감소 현상에 따라 주택 수요도 2025~2030년을 기점으로 매우 감소할 것으로 예상하고 있다. 하지만 지속적인 소득의 증가와 핵가족화에 따른 가구 수의 증가가 주택 수요를 꾸준히 유지해 줄 것으로 보인다.

또한 1인 가구와 노인 가구의 지속적인 증가 등은 현재와는 다른 다양한 유형의 주택 소비 패턴을 요구하게 될 것으로 전망된다. 이처럼 우리나라의 중장기 주택 시장은 인구 및 가족 구성, 사회·문화, 소득 수준 등 다양한 변수의 영향을 받으면서 주택 수요와 공급에도 변화가 예상된다. 따라서 장기주택계획은 양적인 주택 공급 확충에만 중점을 두지 않고 주거 선호 및 가구 구성의 변화, 인구 증가율 둔화에 따른 주택 수요의 다양화에 대비하여 수요자 중심의 주택 공급 계획이 이루어져야 한다. 이러한 관점은 실제 서울시의 주택 수요 계획을 세우는 데에 반영되어야 할 필요가 있다.

2018년 통계청 자료에 따르면 국내 빈집은 총 141만 호로 전체 주택 중 약 8%를 차지하고 있으며, 이는 매년 가파르게 증가하는 추세다. 경기도의 경우, 1995년 64,556호였던 빈집이 2010년에는 154,099호, 2018년에는 249,635호로 지속적인 증가 추세를 보이고 있다. 경기도 또한 빈집의 수가 2018년 전국의 17.5%를 차지하며 지자체 중 최고치에 달하고 있다. 이에 따라 빈집에 의해 발생하는 물리적, 사회적, 경제적 문제에 대한 해결책이 요구되고 있다. 빈집의 발생은 도시의 쇠퇴로 인해 나타나는 대표 현상 중 하나이다. 즉, 도시 쇠퇴의 원인인 인구 감소, 고령화, 산업 구조의 변화, 지역 경제의 변화 등이 직간접적으로 빈집 발생의 원인이 될 수 있다. 빈집 발생을 미리 예방하거나 발생한 빈집을 효율적으로 관리하기 위해서는 빈집이 발생한 원인을 찾는 것이 중요하다. 빈집 발생은 공간적 혹은 지역적 특성에 의해 많은 영향을 받을 수밖에 없다. 따라서 지역적 특성과 빈집 발생 간의 관련성을 밝히는 것이 빈집 발생을 이해하는 데 중요한 요소다. 또한 빈집의 발생은 발생 기간별, 주택 유형별, 주택 노후도에 따라 다른 형태로 나타나고 있어 빈집 발생 원인을 다각적 측면에서 검토해 볼 필요가 있다. 물론 여기에는 인구 감소와 경제 상황, 그리고 고령사회로의 진입 등이 이유로 반드시 포함될 것이라 본다.

도시 집중화에 따른 주거 문제 해결로 다가구나 개인 주택을 허물고 대단지 아파트를 건설하는 것이 해결책으로 떠오르고 있다. 그러나 이러한 주택 공급이 후에 문제를 불러올 수도 있어 우려되는 부분이다. 앞으로 사람들은 더 나은 생활을 위해 마당이 있는 개인 주택을 선호하게 될 것이기 때문이다. 이러한 예측은 먼 미래의 일이 아니다. 지금도 많은 지역에서 아파트에 싫증을 느끼는 사람들로 인해 개인 주택이 많이 등장하고 있다. 개인 주택은 아파트보다 탄소 발생률도 낮고 친환경적이기 때문에 앞으로도 개인 주택에 대한 선호는 더욱 높아질 것이다. 우리나라 또한 환경과 미래를 생각해 이에 대한 주거 대책을 마련할 필요가 있다.

장기적인 주택 계획의 중요성

도시처럼 여러 요소들이 군집을 이루는 경우에는 장기적인 마스터플랜이 필요하다. 이를 우리는 도시 계획이라고 부른다. 도시 계획은 건물의 공사 기간과는 달리 여러 세대를 거쳐서 만들어진다. 이 계획에는 여러 세대에 걸쳐 도시의 성격을 구성하는 마스터플랜이 담겨 있어야 한다. 모든 법규와 규제는 이 마스터플랜을 기초로 작성되어야 하는 것이다. 이것은 마치 화가가 풍경을 화폭에 옮길 때 만들어지는 구도와도 같은 것으로 도시 계획의 중요한 시작점이 된다. 마스터플랜을 완성하기 위한 규제는 엄격하되 디자인을 위한 규제는 자유롭게 구성되어야 한다. 또한 장기적인 분석 및 시뮬레이션을 통해 주거 문제 해결을 위한 지속적인 노력이 필요하다. 그러나 해결이라는 단어에만 초점을 맞춘다면 막대한 비용을 치르게 될 수도 있다.

사진 속 장소에는 아파트만 있다. 그 외에는 어떠한 것도 존재하지 않는다. 여기에는 건축과 건축가도 존재하지 않으며 도시도 없다. 주거

라는 기본적인 문제 해결을 위한 대책만이 있을 뿐이다. 이러한 현상이 나타나게 된 배경에는 도시를 위하지도, 도시민을 위하지도 않고 오직 주거 문제 해결이라는 의견만이 반영된 결과로 볼 수 있다. 도시에는 흐름이라는 것이 있다. 이 흐름에는 잠재적인 콘셉트가 존재해야 하며, 이를 통해 도시민은 심리적으로 안정을 꾀하고 있다. 그러나 사진 속 광경에는 흐름이 존재하지 않으며 방향성도 없고 단지 무분별한 요소들의 집합만이 드러날 뿐이다. 이러한 광경이 나타나게 된 것은 종합적인 분석 능력이 부족한 전문가들의 책임이라고 볼 수 있다. 건축물은 한번 지으면 특별한 이유가 없는 한 장기간 도시에서 존재하게 된다. 이런 점을 감안한다면 왜 건축물이 도시에서 중요한지 생각해 볼 수 있다. 건축물을 지을 때에는 도시적 관점이 우선되어야 하며 그 후에 건축물 각각의 디자인을 생각하는 것이 옳다. 아름다운 도시는 이유가 있다. 구도가 있고 색이 있으며 흐름이 있다.

도시는 음악이며 회화이다. 도시는 의식과 무의식이 공존하는 장소이다. 도시는 고향이며 마음의 장소이다. 먼 곳에서 여행을 하고 돌아오면 내가 사는 도시에만 들어서도 집에 돌아온 것 같은 편안한 느낌을 갖는다. 안정을 위하여 찾아갈 곳이 많은 도시는 풍요로운 도시이다. 좋은 날씨에 어울리는 장소가 많은 도시는 아름다운 도시이다. 음악이 잘 어울리는 도시는 역사가 있는 도시이다. 다양한 스카이라인이 있는 도시는 구도가 아름다운 도시이다. 좋은 도시는 피크닉 가방이 잘 팔리고 카메라 셔터 소리가 많이 울리는 도시이다.

사 람　　　공 간　　　건 축

Part 05

새로운 시대,
새로운 건축을 고민하다

건축의 과거, 현재,
그리고 미래

혁명을 넘어 평등한 세상을 향해

프랑스 대혁명은 노예와 주인이라는 수직적 신분제도가 이끌어 왔던
봉건제 시대가 막을 내리고 새로운 신분인 자본가와 노동자라는 수
평적 신분제도가 자리하게 된 산업혁명을 통해 이루어졌다. 이 혁명은
프랑스에서 시작되었으며 주변 봉건제도 국가들까지 영향을 미쳤다.
영국 같은 경우는 피 한 방울 흘리지 않고 의회 민주주의를 만들어 명
예혁명이라 부른다. 프랑스 대혁명과 산업혁명은 새로운 시대를 불러
왔고 이는 모든 것을 바꾸기 시작했다. 그러나 이것이 물리적인 상황
이나 시대의 흐름에 의하여 변화된 것은 아니다. 이러한 사회 변화의
배경에는 정신적 지도자들이 있었다. 이들은 시민들이 깨어나기를 외
쳤던 것이다.

인쇄술의 발달은 지식의 평등을 불러왔다. 그러나 이 평등이 일어나는 데는 시간이 필요했다. 루소, 칸트 등 많은 철학자들이 방향은 다르지만 시민들을 깨우치는 데 목소리를 높였다. 그중 칸트는 계몽주의를 외쳤다. 계몽주의를 이해하지 못하는 시민들은 칸트에게 계몽이 무엇인지 물었다. 칸트는 그 물음에 이렇게 대답했다.

"사페레 아우데(Sapere Aude, 과감하게 지식을 추구하라)!"

칸트는 지배자들이 사람들을 유순하고 어리석은 가축처럼 길들이려 한다고 외쳤다. 우리는 칸트와 같은 사람들을 지식인이라 부른다. 신앙과 왕의 시대였던 중세와 근세 바로크까지는 지식인의 등장이 불가능했다. 그러다가 수많은 전쟁으로 국가는 빚을 지고 약해진 반면 대중은 식민지를 통하여 넓은 세계를 보게 되면서 평등과 불평등의 차이를 알게 되었다. 물론 프랑스의 세금 제도가 시민들을 분노하게 했지만 유순하고 어리석었던 시민들이 혁명을 성공시킨 데에는 정신적인 뒷받침이 있었기 때문에 가능했다. 이를 프랑스 대혁명이라 말하지만 사실은 인류의 대혁명이었다. 이러한 대혁명의 원인을 하나로 정의할 수는 없다. 여러 가지 복합적인 상황이 변화를 만들었기 때문이다. 그렇지만 대중의 깨우침을 가장 큰 원인으로 본다.

근대의 시대적 코드는 기계이다. 이는 인류 최초의 1차 산업혁명을 이끌어 온 것이기도 하다. 이것이 삶의 질을 바꾸면서 대량 생산과 대량 소비를 불러왔다. 모든 분야가 변화하면서 건축에도 새로운 바람이 불었다. 과거에는 석재와 목재가 주 건축 재료였던 반면 철과 유리와 같이 대량 생산이 가능한 새로운 건축 재료의 등장은 반향을 불러일으켰다. 수공업과 농업에만 매달려왔던 산업은 이제 기계를 통한 대량 생산으로 일차리가 폭발적으로 증가하였고 산업체가 있는 도시로 인구가 몰리면서 인구 밀집 현상과 함께 도시 재정비가 시작되었다. 기계의 발달은 또한 새로운 물건을 위한 홍보성 건축물, 즉 박람회장, 대형 창고, 회사, 백화점 등 과거에는 없었던 새로운 건축물을 요구하였다.

산업혁명에 따라 새로운 상품을 알리는 박람회의 시초는 프랑스였다. 프랑스는 국가 차원이 아닌 도시 차원에서 행사를 개최했다. 그러나 루이 14세가 가톨릭을 국교로 인정하고 절대 왕정에 대하여 교황청의 지원을 받고자 낭트칙령을 폐지하면서 프랑스의 산업혁명은 크게 위축되고 만다. 낭트칙령은 1598년 프랑스에서 개신교도들의 종교적 자유를 인정하는 법령이다. 한마디로 개신교도(위그노) 차별에 대한 금지령이다. 당시 가톨릭과 개신교도들 사이에는 크고 작은 전쟁이 있었는데 가톨릭 세력의 위세로 개신교도들은 험난한 생활을 이어가고 있었다. 이 분쟁은 급기야 1527년 개신교도들이 로마 교황청을 약탈하는 사건으로 번졌다.

문제는 그 당시 프랑스의 상공업자와 기술자 대부분이 위그노였다는 것이다. 이들은 낭트칙령의 폐지로 신변 보장을 받지 못하게 되자 해외로 이주하였다. 1685년에서 1689년까지 5년 동안 20~30만 명에 달하는 위그노들이 해외로 이주하면서 프랑스는 경제가 마비되는 지역이 속출했고 그로 인해 박람회 개최가 어려워졌다. 그중의 일부가 스위스로 이주해 지금의 스위스 시계를 발전시켰다고도 한다. 100년 후인

1787년 루이 16세가 관용 칙령을 선포하여 개신교도들이 자유를 얻게 되지만 이미 산업 일꾼들이 대거 빠져나간 프랑스는 밀려오는 산업혁명의 파도에 영국보다 대처가 늦고 말았다.

영국은 산업혁명이 안정권에 든 1851년, 런던에 철골과 유리로 된 1,851피트(564m) 길이의 대형 박람회장을 지어 자신들의 산업 능력을 세계에 과시했다. 과거 석재와 목조 건축물만 봤던 시민들은 유리로 된 이 박람회 건축물을 보고 수정 같다고 하여 '수정궁'이라 불렀다. 40년 후인 1889년에 프랑스 또한 파리 박람회를 열어 그 입구에 거대한 철골 건축물의 에펠탑을 선보였다. 이렇게 새로운 시대가 시작되었다.

수정궁(The Crystal Palace), 영국
1851년 5월 1일, The Great Exhibition of All Nations의
전시회 개막식에 참석한 여왕 빅토리아의 모습

근대에 들어서 생긴 또 하나의 큰 변화는 패트론 체제(후원 시스템)의 붕괴이다. 르네상스를 문예 부흥기라 부르는 이유는 당시 성주를 비롯하여 명문가를이 가문의 홍보를 위하여 예술가들을 후원하던 문화가 성행했기 때문이다. 그래서 근세에는 많은 예술가들이 배출될 수 있었다. 대표적인 것이 메디치 가문으로 그들이 노블레스 오블리주(Noblesse Oblige, 사회지도층의 사회에 대한 도덕적 의무)의 원조이다. 이를 메디치 효과(Medici Effect)라 부른다. 이렇게 여러 가문이 건축가를 포함하여 일정한 예술가들을 후원하는 제도를 패트론 체제라 불렀다. 그러나 시민혁명 이후 이 체제가 점차 사라지면서 예술가들은 홀로서기를 해야 했다. 근대 이전에는 건축을 포함하여 예술의 다양한 표현을 볼 수 없었다. 근대에 들어 수도 없이 많은 양식이 쏟아져 나온 이유가 바로 이 때문이다.

각 시대의 대표적인 양식을 보면 고대 3개(이집트, 그리스, 로마), 중세 3개(비잔틴, 로마네스크, 고딕), 근세는 5개(르네상스, 매너리즘, 바로크, 로코코, 신고전주의)로 근세부터 많은 종류의 양식이 나타났음을 알 수 있다. 이는 바로 패트론 체제의 붕괴로 인해 생긴 현상이다. 과거 예술가들은 패트론 체제에 의하여 안정된 생활을 할 수 있었는지는 모르나 그것은 단지 후원자의 주문에 의한 작업이었을 뿐 독창성을 갖지는 않았다. 그 체제 안에 있는 인원 또한 많지 않았다. 그래서 근대는 다시 과거로 돌아가고 싶어 하지 않았다. 즉 공평하지 않았기 때문에 민주적이지 않은 과거로 다시 돌아가지 않는 것이 그들의 목표였다. 그렇다면 탈 과거의 표현은 어떤 것이었을까? 바로 장식의 배제였다. 장식으로 뒤덮은 표현은 부의 상징이었으며 솔직한 내면을 드러내지 않는 것이었다. 그래서 건축가 아돌프 루스는 장식을 강도와 같다고 표현한 것이다.

　과거 상하관계 속에서 이루어진 봉건 체제는 불평등의 상징이었으며 시민혁명을 통하여 이루어낸 민주주의는 이와 달라야 한다고 생각했다. 이 때문에 근대 이전은 클래식한 디자인으로, 그리고 근대는 클래식하지 않은 디자인으로 구분하게 되었다. 근대 이전의 양식은 시대적인 순서가 있지만 근대에 나온 양식은 동시 다발적으로 등장했는데 이러한 이유로 생각된다.

도시에 불어온 새로운 바람

디자인은 서비스업이다. 즉 수요자가 원하는 내용을 제시하면 되는 것이다. 그런데 수요자에게 다양한 내용을 제시하기 위해서는 기술적인 뒷받침이 수반되어야 한다. 근세 이전까지 건축물이 다양한 형태를 보여줄 수 없었던 이유는 디자인의 문제가 아니라 기술적 수준의 문제였다. 기술적 수준이 다양할 수 없었던 이유 중 하나는 바로 재료 때문이었다.

　당시 주 건축 재료는 석재였다. 석재는 다양한 형태를 시도하기에는 한계가 많았다. 근대 건축가들이 고대의 건축가들보다 더 상상력이 풍부했던 것은 아니었다. 그들은 재료의 다양성으로 과거보다 다양한 형태를 시도할 수 있었던 것이다. 이는 산업혁명의 영향도 크게 작용했다. 사람들은 거대한 박람회장을 보았고 식물이 자라는 온실을 보았으며 건축의 다양한 가능성을 확인했다. 그러나 아직까지 형태는 고대에서부터 내려온 그리스와 로마 양식을 벗어날 수 없었기에 근대 건축가들은 새로운 형태를 요구하게 되었다.

여기에서 클래식과 클래식하지 않은 형태의 이념 분쟁이 생겼고 급기야 형태가 우선(형태주의)이냐 아니면 기능이 우선(기능주의)이냐를 놓고 갈라지게 되었다. 클래식은 형태를 우선시했고 모던은 기능을 우선시했다. 모던은 새로운 개념이라는 희망을 심어주었던 반면 클래식은 과거 역사와 연관성이 있을 거라는 인식에서 벗어날 수 없었기에 시대의 뒤로 물러날 수밖에 없었다. 특히 과거로 돌아가고 싶지 않은 사회흐름 속에서 니체는 『차라투스트라는 이렇게 말했다』라는 저서를 통해 신을 죽이고 아직도 과거의 형태에 빠져 있는 파리를 불태워 버리고 싶다는 메시지를 전했다. 이 틈을 타고 모던은 새로운 형태를 선보이고 이것이 시대적 해결책인 듯 제시하며 승승장구했다. 모던은 다양한 이름을 앞세워 등장했으며 대표적인 예로 글래스고, 아르누보, 큐비즘, 표현주의 등이 있다.

• **글래스고(Glasgow)파**

글래스고파는 영국의 글래스고를 중심으로 결성된 화파이다. 대표적인 건축가로는 사각형을 디자인의 모토로 삼은 매킨토시 부부이다. 이들은 학창 시절 친구로 만나 결혼한 후 그들만의 디자인을 구성하면서 글래스고파를 만들어냈다.

위에서부터 순서대로
글래스고 예술학교(Glasgow School of Art) | 힐하우스(The Hill House)
매킨토시하우스(The Mckintosh House)

작가들은 그들만의 스타일을 갖고 있다. 모차르트는 모차르트 풍을, 베토벤은 베토벤 풍을, 피카소는 피카소 풍을, 달리는 달리의 풍을 갖고 있다. 모두가 처음부터 자신만의 스타일을 갖고 태어나는 것은 아니다. 그들은 오랜 숙련 과정을 거치며 자신만의 스타일을 갖게 된 것이다. 피카소가 다른 화가보다 그림을 잘 그리는지 판단할 수는 없다. 그러나 그의 그림을 통하여 입체파라는 개념이 탄생했다. 즉 그는 입체파의 원조이기 때문에 가치가 있는 것이다. 달리는 초현실주의의 원조이고 글래스고파는 사각형의 원조이다. 글래스고파는 사각형의 디자인으로 자신들의 스타일을 만들었고 어떻게 사각형을 배치하는지 알려주었다. 사각형의 콘셉트는 글래스고파 이후에도 많이 등장하지만 원조는 글래스고파의 매킨토시 부부이다.

- **아르누보**

독일에서는 유겐트 스틸, 영국에서는 채찍 끝 예술이라 부르기도 하는 아르누보는 곡선을 주제로 하는 예술이다. 자연에서 모티브를 갖고 왔지만 생명력을 주제로 하는 예술로, 여성의 긴 머리카락과 몸에 있는 곡선을 중요시 여긴다. 여성은 생명과 관계가 있기 때문이다. 이들은 직선을 예로 들며 죽어 있는 것은 뻣뻣하다고 주장하였다. 이들이 자신들의 예술을 'New Art'라고 명명한 것은 과거의 형태들은 직선이라 생각했기 때문이다. 근대는 탈 과거를 모티브로 하기 때문에 직선과는 다른 생동감 있는 형태로 곡선을 선택한 것이다.

카사밀라(Casa Milá), 스페인
'건축은 살아 있는 유기체'라고 생각했던 가우디가 '산'을 주제로 디자인한 건축물, 1910

대표적인 아르누보 건축가로 스페인의 가우디를 꼽는데 이는 가우디의 건축물이 곡선을 주제로 하였기 때문이다. 가우디는 곡선이 자연 속에 있다고 생각했다. 그래서 가우디의 건축물은 구엘 공원을 제외하고는 대부분 대지의 색을 띠고 있다.

• **큐비즘**

화가가 그리는 대부분의 사물은 3차원이다. 그러나 화폭에 나타나는 것은 2차원의 성격을 갖고 있다. 피카소는 이것이 맘에 들지 않았던 모양이다. 그는 사물을 어떻게 3차원적으로 표현할 것인지 고민했다.

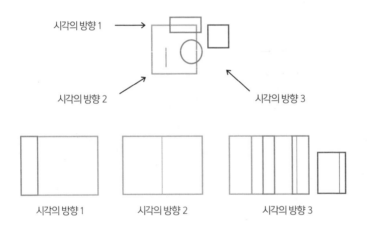

위의 그림은 사물을 3가지 방향에서 잡아낸 모양을 하단에 3가지 형태로 나타낸 것이다. 하나의 사물을 정확하게 판단하려면 최소한 이 3가지 방향에서 잡은 형태를 관찰해야 한다. 그러나 이는 기계적이다. 그래서

사물의 레벨이 모두 같다. 그러나 피카소는 각 형태의 레벨을 다르게 표현하였고 다채로운 색채를 적용하여 원근법을 표현하였다.

그것이 바로 위와 같은 모양이다. 그는 하나의 사물을 각 방향에서 잡아내고 이를 합하여 입체적으로 표현하려고 했다. 그는 단순하게 자신의 생각을 표현한 것뿐인데 우리에게는 단순하게 여겨지지 않는다. 입체를 하나의 화면에 표현하는 방법을 생각하게 해준다. 피카소의 이같은 방법은 다른 영역에도 영향을 주었고, 사람들은 그의 표현법을 큐비즘(입체주의)이라 명명했다.

● **표현주의**

산업혁명이 주는 물질의 풍부함은 달콤한 것이었다. 그러나 이로 인해 인간의 심리는 물질에 밀려 소외될 수도 있다고 걱정하는 부류도 있었지만 이들은 인간의 심리 상태를 중요시했다. 인간 심리를 다루는 예술은 시대마다 있었다. 중세에는 고딕이 그랬고 근세에는 매너리즘이 그랬다. 근대에 들어서는 인간의 심리를 나타내는 것을 표현주의라 불렀다.

사실주의
사실적으로 표현

인상주의
빛의 변화에 따라
눈에 보이는 것을 표현

표현주의
보이지 않는 심리 상태
불안, 공포, 기쁨 등 표현

　산업혁명의 여파로 도시화가 급격하게 이루어지면서 몰려드는 인구를 수용하기 위한 대책이 요구되었는데 클래식한 건축물의 형태는 이를 감당하기 힘들었다. 이때 르 코르뷔지에는 300만 명이 거주할 수 있는 도시를 제안하며 최초의 아파트를 선보였다. 그 외에도 많은 근대 건축가들이 새로운 시대를 위한 해결책을 내놓았다. 특히 과거에는 도시가 성이나 궁궐 중심의 건축물이 발달했지만 근대에는 부르주아 및 중산층이 생기면서 이들을 위한 주거 계획이 필요했다. 주거 계획의 변화는 건축 디자인에 중요한 역할을 하는 계기를 만들었다. 과거에는 건축물에 대한 수요가 일부 계층이었던 반면 이제는 다수가 된 것이다. 이는 건축 시장에 새로운 바람이 되었으며 건축물 디자인에 대한 변화를 불러왔다. 그러나 모든 주거 건축물 형태에 변화를 가져올 수는 없었다. 대부분의 토속적인 주거 건축물들은 그 지역의 특성과 날

씨, 생활방식을 토대로 오랜 시간 동안 정착되어 온 형태이기 때문이다. 이것은 건축가들에게 딜레마로 다가왔다. 시대가 변하고 새로운 건축 재료가 도입되었다 해도 토속적인 주거 형태의 변화는 어려운 일이었다.

이때 등장한 것이 바로 르 코르뷔지에의 도미노(Dom-Ino) 시스템이다. 도미노는 집을 뜻하는 라틴어 도무스(Domus)와 혁신을 뜻하는 이노베이션(Innovation)을 결합한 단어로서, 콘크리트 바닥에 기둥을 얹어서 층층이 쌓고 각 층의 연결은 외부에 있는 계단을 통하도록 한 개방적 구조를 말한다. 그는 모든 주거 형태에 이러한 구조를 적용하도록 제안했다. 이것은 주택의 대량 생산을 위한 하나의 플랫폼으로, 이와 같은 구조의 놀라운 점은 바로 벽이다. 기둥으로 하중을 지지함으로써 내부 벽에 자유로움을 준 것이다. 더 놀라운 것은 외부 벽의 자유로움이다. 과거의 건축물은 대부분 벽이 하중을 담당했기 때문에 개구부의 허용이 어려웠다. 그러나 도미노는 기둥이 하중을 담당하기 때문에 외부의 벽을 자유롭게 만들 수 있다.

건축은 벽과의 싸움이다. 르 코르뷔지에의 제안은 물리학에서 아인슈타인의 상대성 이론에 버금가는 놀라운 발견이었다. 주택의 대량 생산은 원가를 절약할 수 있다는 이점이 있다. 이러한 이점 덕분에 도미노 시스템은 다수에게 쉽게 제공할 수 있는 주거 형태로 자리했다. 이렇게 근대 건축가들의 혁신은 긍정적인 반응 속에서 인정받으며 빠른 속도로 건축을 변화시켰다. 그런데 건축계에서 하나의 사건이 벌어졌다. 바로 프루이트 이고의 아파트 파괴였다.

르 코르뷔지에의 도미노 이론
최소한의 기둥들이 모서리를 지지하고 평면의 한쪽에 각 층으로 갈 수 있게
계단을 만드는 개방적 구조

고전과 해체의 경쟁 속에서

미주리주 프루이트 아이고에 건설되었던 대단지 아파트를 폭파시키는 사건이 있었다. 아파트가 분양이 되지 않아 우범지대로 발전하면서 아파트의 일부를 무너트린 것이다. 모던의 발생으로 건축계의 외곽으로 밀려났다고 생각한 클래식 건축가들은 이날을 모던의 사망일이라고 공표했다. 아파트 같은 대형 거주지는 과거에는 없던 것이다. 그래서 클래식 건축가들은 아파트를 모던의 대표적 건축물로 생각하고 있었다. 클래식 건축가들은 모더니스트들의 건축 형태를 좋아하지 않았다. 특히 모던 다음에 등장한 레이트 모던 건축 양식은 이들에게 눈엣가시였다.

프루이트 아이고(Pruitt-Igoe), 미국

모던은 다양한 건축 형태를 시작하면서 자신감을 얻게 되었다. 그러면서 그 자신감을 건축물에 표현하기 시작하는데 이것이 바로 레이트 모던이다. 이들의 자신감은 곧 매너리즘과 같은 반항이었다. 수직과 수평에 대한 반항심으로 가분수적인 형태도 가능하다는 것을 보여주고 싶어 했으며 재료가 갖고 있는 한계를 극복하려고 시도하였다. 이것은 후에 해체주의의 근간으로 등장한다. 이러한 형태는 클래식 건축가들에게 가벼워 보이고 싸구려처럼 보일 뿐이었다. 그래서 클래식 건축가들은 모더니스트들을 '지게를 진 부르주아'라 칭하기도 했다.

프루이트 아이고 사건으로 클래식이 본격적으로 등장하면서 현대는 다양한 건축 형태의 장으로 바뀌었다. 클래식은 고대 이집트, 그리스 그리고 로마에 뿌리를 두고 있다. 그러나 당시에는 시기별로 그 형태를 두고 양식에 이름을 붙였지만 현대에 등장한 클래식은 한 시기의 양식이 아닌 그리스 로마 등 하나의 형태에 다양한 표현이 복합적으로 표현되었다. 로마는 로마 양식, 그리스는 그리스 양식이라 불렀지만 이 복합적인 클래식에 대한 명칭이 필요했다. 클래식한 형태는 로마 또는 그리스 양식 외에 조적조, 대칭, 일체형, 순수한 형태(원, 삼각형, 사각형)의 반복적인 사용 등이 디자인에 등장한다.

클래식은 크게 3가지로 나눌 수 있다. 과거의 재료와 형태 그대로 만든 것, 형태는 동일하지만 재료는 현대 것을 사용한 것, 디자인은 과거에서 가져왔지만 형태와 재료는 현대적으로 만든 것. 그래서 사람들은 현대의 클래식 형태에 3가지 이름을 붙이게 되었다. 디자인, 재료 그리고 작업 방법 또한 과거와 동일하게 하는 경우는 고전주의, 디자인만 과거를 고수하는 경우는 신고전주의 그리고 디자인 소스는 과거에서 가져오되 그를 바탕으로 변형했을 때 포스트 모던이라 불렀다. 여기서 포스트는 영어의 'After'라는 뜻으로 모던 이후에 등장했다는 의미이다.

아래의 사진에 좌측의 건축물은 그리스의 이오니아식 기둥이 보이고 로마식 조적조가 보인다. 우측은 좌우 대칭, 조적조, 창에 원과 사각형을 반복적으로 사용한 것으로 보아 포스트 모던 건축이다. 이렇게 클래식한 형태들이 봇물 터지듯 등장하자 모더니스트들은 긴장하기 시작했다. 시민혁명을 통하여 새로운 세상을 얻었는데 다시 클래식의 등장을 받아들이기는 어려웠던 것이다. 그래서 포스트 모던에 대항할 또 다른 모던이 필요했다. 그것이 바로 네오 모던이다. 네오는 영어의 'New'라는 뜻으로 새로운 모던을 말한다. 네오 모더니스트들은 건축 형태가 갖고 있는 기존의 고정관념을 벗어난 형태를 만들기 시작했다. 즉 '묻지마 디자인'이었다. 건축가 루이스 칸이 건축물에게 물었다.

(좌)M2 빌딩, 일본 도쿄 | (우)BIS 빌딩, 스위스 바젤

"건물아, 건물아, 네가 원하는 것이 무엇이니?"

건물이 대답하기를 "제가 기억되게 해 주세요!" 기존의 개념을 벗어난 방법으로 디자인한 네오 모더니스트들은 이렇게 당연히 기억되는 건축물을 설계했다.

위의 사진에서 좌측은 창문을 빨래판으로 막아 놓았고 우측은 처마기둥을 옆의 기둥과 어울리지 않는 나무로 만들었다. 이것이 네오 모더니즘의 콘셉트다. 모더니스트들은 기능주의자들이다. 건축물은 기능만 하면 되는 것이다. 클래식 건축가들은 형태주의자들이다. 이들에게는 기능보다 형태가 아주 중요하다. 그래서 클래식한 디자인을 추구하는 사람들에게는 모던 형식의 건축물이 지게를 진 부르주아(품위 없는 부자)처럼 보인 것이다.

이제 현대는 다양한 건축물 디자인이 등장하고 있다. 과거 건축의 주축은 권력자였다. 근대는 건축가였다. 현대는 이제 건축주 또는 발주처가 디자인의 주인이다. 과거에는 재료의 한계가 컸지만 근대에는 재료가 변화하면서 건축물의 다양성을 시도하는 시기였다. 현대는 기술이 풍부한 시대이다. 그리고 미래의 건축은 자연과 인간을 생각하는 시기가 될 것이다. 인간이 자연으로부터 너무 멀리 왔음을 이제 깨달았기 때문이다. 에너지 절약형 건축물, 친환경 건축물, 패시브 건축물 등 인간의 이기심에 스스로 무너지지 않기 위한 건축물이 필요할 것이다.

02

4차 산업혁명과
건축

스마트해지는 건축

설계를 할 때는 먼저 어떤 기능을 요구하는 건축물을 지을 것인지 결정한다. 그리고 그 기능을 충족시키기 위하여 필요한 자료를 수집하고 사용 인원에 대한 조사와 이에 맞는 공간을 분석한 후 방위에 대한 배치 분석, 환경 분석 및 대지 조사 등을 하는 것이 일반적이다. 이는 사용자뿐 아니라 도시에 가장 적절한 건축물을 창조하기 위한 사전 작업이다. 그러나 지역 및 환경 그리고 그 지역의 문화 및 역사적인 배경 등이 작업에 있어서 과거보다 반영되지 않는 현상이 나타나고 있다. 이는 건축물 자체의 기능에 초점을 맞추면서 비롯된 현상이다.

최근에 들어서는 설계 작업의 고려 사항에서 내부 공간의 배치 및 빛, 환기 그리고 단열에 관한 부분이 많이 사라지고 있다. 과거에는 설계 과정에서 동선을 고려하여 공간을 배치하였다. 이에 따라 환기를 위하여 개구부의 배치 선택 및 구조에 따른 공간 나누기, 방위에 따른 공간의 종류를 분류하여 배치하고 개구부의 성격 및 창의 크기 등을 고려하였다. 배치도, 평면도, 입면도 그리고 단면도 등 2차원적인 작업이 선행되고 이 과정이 완료된 후 투시도나 조감도 등의 작업을 시행했다. 이는 건축물의 외형을 이해시키는 데 그 목적이 있었다.

지금은 3차원적인 투시도 또는 조감도를 먼저 작업하고 2차원적인 작업을 한다. 내부 공간의 배치 및 공기 순환, 그리고 내부로 유입되는 빛의 작용 등을 3D 작업을 통하여 먼저 시뮬레이션을 하고 이것이 목적한 바를 얻게 되면 비로소 2차원적인 작업을 하는 것이다. 여기서 우리는 왜 작업의 순서가 바뀌게 되었으며 그 원인이 무엇인지 생각해 볼 필요가 있다. 설계를 할 때는 기대하는 형태를 얻는 것도 중요하지만 쾌적한 공간을 얻는 것이 우선이다. 과거에는, 여기에서 과거란 도면을 처음 그리게 된 시기를 말하는데 이때는 온전히 손으로 그려야 했다. 이것이 최선의 방법이었다. 그렇다면 왜 도면을 그려야 하는 것일까? 도면 작업의 목적은 설계자와 건축물에 관계된 그 외의 사람과의 의사소통을 위한 도구이다. 즉 설계자 자신 소유의 건축물이고 자신이 혼자 시공할 것이라면 굳이 설계도를 그릴 필요는 없다.

헤이다르 알리예프 센터(Heydar Aliyev Center), 아제르바이잔
강당, 미술관, 헤이다르 알리예프 센터가 있는 대표적인 슬로프 디자인의 현대적인 건축물

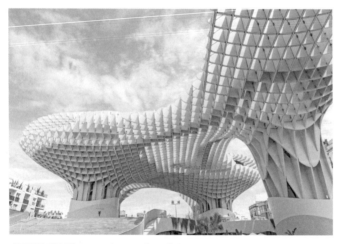

메트로폴 파라솔(Metropol Parasol), 스페인
엥카르나시온 광장에 우뚝 서 있는 파라메트릭(표면 곡선) 디자인의 목조 건축물

그러나 그렇지 않다면 그 외의 사람에게 자신이 설계하고자 하는 건축물이 어떤 것인지 이해시킬 필요가 있는데 이를 그림으로 그려 보여준다면 이해하는 데 큰 도움이 될 것이다. 이렇게 도면 작업이 수작업으로 이루어지다 보니 도면을 그리는 데 있어서 전문성이 더욱 요구되었다. 그런데 컴퓨터 프로그램이 만들어지면서 이제 수작업이 필요 없게 되었다. 도면 작업이 훨씬 수월해졌고 도면에 대한 수정이 쉬워졌다. 수정이 쉬워졌다는 것은 건축물의 시공에 들어가기 전 하자를 줄일 수 있는 가능성이 커졌다는 것이며 건축주 등과 의견 교환이 더 많아졌다는 것이다. 건축주의 요구사항을 더 많이 반영할 수 있는 가능성이 생긴 것이다. 그러나 아직 전문가 외에는 도면만 가지고 건축물이 어떻게 생겼는지 정확히 알기는 어렵다는 단점이 있었다. 그런데 컴퓨터 프로그램이 더 발달하여 이제 투시도나 조감도 등 건축물의 3D 형태가 가능해지면서 전문가들이 시공되기 전 건축물의 형태를 미리 보여줄 수 있게 되었다. 이러한 변화는 사실 전문가보다 건축주 등 건축물에 관계된 사람들에게 더 유익한 변화이다.

이러한 3D 설계 작업뿐 아니라 건축에 혁신을 불러온 또 하나의 원인이 있는데 바로 IT와 첨단 설비이다. 더운 지방은 열기를 적게 받기 위해 흰색을 사용하고 지붕의 면적을 줄이거나 벽을 얇게 만들었다. 추운 지방은 빛을 흡수하기 위해 어두운 색을 사용하고 지붕의 면적을 넓히며 벽을 두껍게 함으로써 추위에 대비하며, 눈이 많이 오는 지방은 지붕에 경사를 많이 주었다. 이렇듯 과거의 건축물에는 지역적인 특색이 반영되었으나 히터 또는 에어컨 등 설비가 발달하면서 지역의 특성과 한계를 극복한 다양한 건축물을 작업할 수 있게 되었다. 다양해진 건축물은 이제 더 쾌적한 공간을 요구하게 디었고 급기야 선비가 추기됨으로써 더너욱 요구에 걸맞은 공간이 탄생하게 된 것이다. 그러나 이는 에너지 과소비와 건축 재료의 남용을 가져왔고 특히 자연 파괴라는 문제까지 직면하게 되었다. 이제 자연 파괴는 인류가 풀어야할 상황까지 왔지만 우리는 더 쾌적한 공간에만 초점을 맞추고 있다.

다시 고민해보는 인간의 자리

IT는 건축물이 스마트해지면서 편안한 환경을 만들기 원하여 출발하였는데 이제는 IT가 점차 주축이 되어가는 경향을 보이고 있다. 역사를 살펴보면 고대의 시대적 코드는 신인동형으로 인간이 역할을 했지만 아주 미세한 부분이었다. 중세는 기독교 시대로 신본주의였고 인간은 배제된 시기였다. 근세의 시대적 코드는 인본주의였으나 사실은 신인동형이 다시 온 것이다. 고대와는 다르게 인간의 역할이 많은 부분을 차지했다. 근대에 들어서면서 로봇이 인간의 자리를 차지하게 되자다시 인간은 그 자리를 뺏기게 된다. IT의 등장으로 인간은 자리를 찾지 못하고 있다. 지금은 AI 또는 ICT 시대이다. 새로운 과학기술의 등장이 점차 빨라지고 있다는 것을 깨달을 수 있다. 쾌적한 공간을 원하는 욕구로 인해 더 편해진 환경을 얻기는 했지만 인간보다 기술이 주축이 되는 시대에 대한 우려의 목소리가 높아지고 있는 이유이다.

시대 코드가 바뀐다고 해서 건축에도 늘 변화가 있었던 것은 아니다. 근대 이전까지는 변화가 미세했으며 이는 고대에 그 근거를 두고 있었다. 근대에 들어서면서 이전에 없었던 기능을 요구하는 백화점, 박람회장, 사무실이 생겨났고 도시의 집중화로 인한 주거 형태로 아파트와 중산층을 위한 주택 등 새로운 건축물이 등장하면서 건축에는 큰 변화가 생겼다. 이는 근대 이전의 시기와 비교했을 때 기간에 비해 큰 변화를 불러온 것이라 할 수 있다. 이것은 대부분 형태의 변화였다. 현대에 들어 설비의 발달로 지역과 문화 그리고 환경을 무시하는 형태가 등장했지만 이는 건축가가 충분히 감당할 수 있는 변화였다.

이제 형태 외의 변화가 예고되고 있다. 근대에 들어서 건축가보다는 엔지니어가 더 각광받고 그들의 활동이 요구되는 시기가 있었다. 이것이 정착되어 지금도 엔지니어의 역할이 커지게 되었다. 에펠탑을 만든 구스타브 에펠도 사실은 건축가라기보다는 유명하고 박식한 엔지니어였다. 에펠탑은 파리 박람회용으로 세웠던 건축물로 당시에는 산업의 승리라는 찬사와 파리의 흉물이라는 비판을 함께 받았다. 본래는 건설된 지 20년 후에 철거하기로 했던 것인데 모터의 발명으로 라디오 송신탑으로 쓰이게 되면서 지금까지 존재하게 된 것이다.

근대 초기에는 엔지니어의 도움 없이는 건축물을 만드는 것이 힘들었다. 이러한 변화 속에서 건축물의 형태는 구조에 자신감을 갖게 되었고 지금은 형태적인 변화 또한 각자의 분야를 찾게 되면서 아주 복잡한 형태도 등장했다. 이러한 과정으로 볼 때 건축물의 형태가 단순함에서 복잡함으로 이어질 것 같지만 사실은 그렇지 않은 방향으로 흘러가고 있다. 다른 요소가 개입되면서 건축물의 형태에 영향을 주고 있기 때문이다. 그 요소는 외부적인 것뿐 아니라 내부의 형태에도 영향을 주고 있다. 그것은 IT에서 비롯되었다.

　제1차 산업혁명은 기계이다. 제2차 산업혁명은 전기이며, 제3차 산업혁명은 IT이고, 제4차 산업혁명은 ICT이다. 증기의 발전으로 인력으로 하던 모든 것들이 기계의 힘으로 대체되면서 대량 생산이 가능해졌고 미래파의 이념이던 속도의 미도 등장했다. 그다음으로 등장한 전기는 모터의 등장과 함께 더 많은 것을 인간에게 제공했다. 전기가 주 동력원으로 작용하면서 제일 많은 변화를 보여준 것이 산업 현장이다.

제1차 산업혁명	제2차 산업혁명	제3차 산업혁명	제4차 산업혁명
18세기	20세기 초	20세기 후반	2015년~
증기기관 기반의 기계화 혁명	전기 에너지 기반의 대량생산 혁명	컴퓨터와 인터넷 기반의 지식정보 혁명	IOT·CPS·인공지능 기반의 만물 초 지능 혁명

　건축은 사실 산업 현장보다 형태나 공간적으로 크게 변화를 보이지는 않았다. 단지 산업의 형태가 바뀌면서 새로운 기능을 요구하는 건축물의 등장만 있었을 뿐이다. 그러나 IT의 등장은 모든 것에 영향을 주었다. 먼저 산업 현장의 인력에 큰 변화를 보여주었다. 사람이 하던 모든 작업을 빠르게 수행할 수 있는데다 인건비 문제 해결에도 큰 역할을 하는 로봇이 인력을 대체하는 현상이 벌어진 것이다. 이는 곧 작업 공간의 변화를 말한다. 인간은 작업하는 공간과 휴식 공간 그리고 주거 공간 등 상황에 따른 공간이 요구된다. 그러나 로봇이 산업 공간을 차지하면서 공간을 만드는 작업이 무의미해졌고 이는 산업 시설에 대한 설계에 변화를 가져왔다. 많은 분야에서 IT가 인간의 활동 범위를 대신하면서 우리에게 필요한 공간들이 사라지고 점차 건축의 변화도 시작된 것이다.

IT가 인간의 자리를 침범해 가고 있는 것은 맞으나 우리에게 제공하는 편리함이란 이루 말할 수 없는 것도 사실이다 긍정적인 역할이 아직은 더 많다는 뜻이다. 제4차 산업혁명의 중심은 ICT다. IT와 ICT의 큰 차이는 작업의 주체이다. IT는 인간이 프로그램을 개발하여 인간의 의지대로 움직이지만 ICT는 사물이 정보를 받아 자체적으로 작업한다.

ICT의 핵심은 사물 인터넷이다. 사물 인터넷은 모든 사물이 자체적으로 데이터를 수집하고 이를 바탕으로 환경에 적응하거나 적절한 환경을 구축하는 것이다. 이에 인공지능이 탑재된 로봇이 호모 모빌리언스(Homo Mobilians)화되어 인간의 노동력을 대체하게 된다. 가상현실과 증강현실로 대체되면서 우리가 현재 갖고 있는 대상과 환경이 무의미해지는 것이다. 이는 건축 공간에 지대한 영향을 미칠 것이다. 예를 들어 이북(e-book)과 같은 시스템은 책과 책장을 무의미하게 만들어 우리의 공간에서 점차 사라지게 했다. 우리의 생활에 꼭 필요한 가구 외에 공간을 차지하는 사물이 없어지게 되면 공간 현실에 분명히 변화가 올 것이다. 설계 또한 지금처럼 힘들여 작업하지 않고 원하는 데이터를 입력하여 많은 샘플 중에 하나를 선택하는 시대가 곧 올 것이다. 이제는 수많은 작업들이 데이터와 인간의 공동 작업을 통해 이루어지는 시대가 될 것이다.

팬데믹의 시대,
건축의 미래

반복되고 상존하는 자연의 두려움

인류 역사상 바이러스에 의한 공포는 언제나 공존했다. 1350년 무렵 페스트, 즉 흑사병이 유럽을 강타했다. 유럽 인구의 3분의 1 정도가 목숨을 잃을 정도로 피해는 상상을 초월했다. 역사상 최악의 전염병은 천연두였다. 최소 3억 명이 사망했으며 18세기 제너의 종두법 발견 이전까지 전 세계 사람들은 불안에 떨어야 했다. 100여 년 전 인류를 공포로 몰아넣은 건 스페인 독감이었다. 당시 1차 세계대전이 스페인 독감의 대유행을 부추겨 2천 5백만 명 이상이 목숨을 잃었다. 2003년의 사스는 중국 남부에서 발생한 전염병으로 중화권을 중심으로 순식간에 퍼져나가면서 770여 명의 생명을 앗아갔다. 10여 년 전에는 신종플루로 인해 일본 내에서만 사망자가 100명을 넘어서는 등 전 세계 28만여 명의 목숨을 앗아갔다. 2014년엔 에볼라바이러스가 아프리카 일대에 퍼졌다. 에볼라바이러스는 예방과 치료가 어려워 치사율이 50%나 되면서 아프리카에서만 4천 8백여 명이 목숨을 잃었다. 중동의 낙타가 감염체로 알려진 메르스로 사우디아라비아에서만 무려 440여 명이 숨졌다.

전염병은 인간에게 피할 수 없는 적이며, 한편으론 인간 스스로 만들어낸 적이기도 하다. 신종 코로나바이러스 감염증, 즉 코로나19의 발병으로 세계 각처에서 수백만 명의 생활 방식이 극적인 변화를 맞고 있다. 상당수는 일시적으로 끝날 것이라는 기대를 하고 있지만 아직 아무도 알 수 없다.

역사적으로 질병은 장기적인 큰 영향을 남기기도 했다. 왕조가 몰락하고, 식민주의가 확대되고, 심지어 기후 변화를 가져오기도 했다. 지난 50년 동안 출현한 질병의 대다수는 동물에서 인간으로 전염된 것이었다. 예를 들면 호주에서는 교외로 나가는 인구가 증가하면서 과일박쥐가 인간이 기르는 말에게 전염병을 옮겼으며 이를 통해 헨드라 바이러스가 인간에게 전염되었다. 이는 사람들이 외진 영역으로 점점 더 침투하며 우리의 영역 밖의 생물들과 접촉하면서 일어나기 시작했다. 사람들이 외진 곳으로 침투하는 원인은 세 가지 요소에 뿌리를 두고 있다. 첫째, 증가하는 주택 수요에 대한 새로운 지역의 개발, 둘째, 식량 생산을 위한 재배 농업 설계, 셋째, 경제적인 이유로 귀중한 자원을 찾아 자연의 깊은 곳으로 침투했기 때문이다. 전염병은 항상 숲과 야생 동물을 떠나 도시로 퍼졌다고 볼 수 있다. 말라리아와 아마존 지역의 관계가 그 예이다.

아마존 지역은 전염병의 매개체가 어떻게 도시로 전달되는지 잘 보여준다. 연구에 따르면 아마존 지역에서 삼림이 약 4% 이상 사라질 때 말라리아 발병률은 거의 50% 이상 증가했다. 그 이유는 질병을 옮기는 모기가 삼림 벌채 지역에 있기 때문이다. 이 지역의 모기들은 삼림이 사라지면서 빛과 물이 많은 이상적인 번식지를 찾아 이동하는데 도시가 그 대상이 된 것이다. 현대에는 의학의 발달로 많은 질병이 극복되었지만 새로 출현하는 질병은 오히려 더 늘어 지난 반세기 동안 4배나 증가했다. 자연은 스스로 생존하기 위하여 인간의 개입으로 약화되는 자체 보호 기능을 강화하고 있다. 이러한 생물의 보호 기능을 이해하는 것이 다음 전염병을 예측하고 예방하는 열쇠이다.

함께 극복하기 위하여

우리는 인구 증가라는 민감한 이슈를 갖고 있다. 과거 인류가 10억 명에 도달하는 데는 약 300,000년이 걸렸다. 그러나 1918년 이후, 즉 단 100년 만에 인류는 60억 명이 되었다. 유엔의 연구에 따르면 2100년에는 110억 명이 넘을 것으로 예측한다. 1950년에서 2100년 사이에 세계 인구는 90억 명이 더 증가할 것으로 내다본 것이다. 이 이슈가 예민한 이유는 인구 증가가 많은 부분에 영향을 줄 수 있기 때문이다. 전염병이 발생하면 경제적으로 가난한 집단이 더 많이 고통받고 생명을 잃을 위험에 크게 노출된다. 바이러스는 모든 사람을 평등하게 대하지 않는다. 동시에 전염병은 거의 전 지구에 동일한 문제를 제기할 것이다. 인구가 많으면 전염력도 증가하고 그러면 사망자 수도 더 늘어나기 때문이다

긴임병의 원인은 인류세(지질시대 중 비공식적인 시대 구분)의 현상으로서 홀로세(Holocene Epoch)의 말기 현상으로 21세기의 큰 도전을 나타내는 기후 변화의 원인과 일치한다. 즉 오늘날 인류가 기후 변화에 직면하여 이에 대한 고민을 해야 하는 것처럼 전염병에 대한 대책도 세워야 한다. 이는 한 국가만의 문제가 아니다. 글로벌 차원에서의 연대가 필요하다. 국가 연대는 사회적 거리 두기에 그치지 않고 사회적 네트워크를 강화하는 것을 말한다. 각 분야가 변화하고 대처해야 하며 건축 또한 이를 위한 구조를 만들어야 한다. 글로벌 수준에서 정부 간 상호 작용을 규제하는 기능과 각 국가의 기관이 모은 자료와 경험을 공유하는 공조가 필요하다.

전염병은 국경을 신경 쓰지 않는다. 국경 폐쇄는 근시안적 방법으로 오히려 잘못된 길로 인도할 수 있다. 국가 차원에서 방법을 찾아가는 것은 다른 모든 국가도 전염병에 취약하게 만들 수 있기 때문이다. 이것이 바로 글로벌 협력이 필요한 이유다. 낙관적인 것은 연대와 협력의 경제적 이익이 항상 그 비용보다 크다는 것이다. 이는 코로나19 시기에 한국이 보여준 방법에서 여실히 드러난다. 우리나라는 국경 폐쇄가 아니고 글로벌 협조를 통해 위기 상황을 극복하였다.

역사 속에서 전염병은 끊임없이 인류를 괴롭혔지만 인류는 이에 맞서 싸우며 지금에 이르렀다. 이는 계속 미래를 꿈꿔도 된다는 희망을 갖게 한다. 이제 우리는 포스트 코로나를 준비해야 한다. 준비된 자만이 절망의 순간에도 희망을 가질 수 있다.

격변, 그리고 유연성

전 세계의 건축가들은 자신의 지식을 기반으로 코로나19 퇴치에 활용하고 지속될 수 있는 혁신적인 솔루션을 만들고 있다. 일부는 시설을 설계하고 다른 일부는 도시에 대한 계획을 설계하고 있다. 다음 내용에서는 이 계획이 어떻게 발전할 수 있는지 미래 프로젝트의 관점과 적응 가능한 도시의 관점에서 자세히 설명해 보기로 한다.

● **미래 프로젝트**

비상 아키텍처 및 위기 아키텍처는 세상이 변화함에 따라 중심 무대에 서게 될 주제다. 왜냐하면 전염병은 사람의 문제이지만 공간을 떼어 놓고 생각할 수 없기 때문이다. 지속 가능성은 모든 접근 방식의 필수적인 부분으로서 그 위상을 더욱 공고히 하고 프로젝트는 보다 자급자족하는 방향으로 흐르게 될 것이다. 한편, 지금 시대는 모든 것의 흐름이 과거보다 빠르게 진행되고 있다. 그래서 이 흐름에 적응하지 못하는 시스템은 재검토를 받을 것이다. 빠르게 대응하는 구조를 구축하기 위해 기존의 활용도가 낮은 공간에 대하여 연구하고, 이 흐름 속에 적응하지 못하면 이를 변형하는 작업에 착수하게 될 것이다. 건축 분야는 지속가능성의 가장 효과적인 형태로 간주된다. 따라서 건축은 세계 경제가 어려움을 겪고 있는 상황에서 이에 대처하는 기능의 하나로 더욱 개선될 것이다.

• 적응 가능한 도시

질병 전파의 진원지인 도시들이 코로나19로 가장 큰 타격을 받았다. 세계의 많은 건축가들은 현재 시스템에 다시 질문을 던지며 이러한 상황이 다시 닥쳤을 때 적응할 수 있는 도시 형태나 구조에 대하여 준비하고 있다.

공공 장소

인기 있는 공공 장소는 항상 가장 매력적이고 가장 붐비는 곳이었지만 대유행은 우리에게 엄격한 사회적 거리 두기 조치하에서 언제나 공공 공간의 공유가 가능하지 않다는 것을 가르쳐주었다. 이러한 개인 공간이나 영역의 규범이 나날이 발전함에 따라 공공 공간은 물리적 참여 측면에서 이에 대한 대책으로 공유가 가능한 공간이 개인 공간으로 변형될 수 있는 방향으로 더욱 유연해질 것이다. 건축가들은 더 넓은 공간에 사람들을 분산시키는 방법을 찾고 있으며 공공 공간과 개인 공간의 서로 다른 평행 기능을 유지하는 데 목적을 두고 프로젝트를 진행하고 있다. 그중 하나는 자연적인 요소를 적용해 안전한 지역을 강조하고 개인의 접근 불가능한 공간을 표시하기 위해 완충 지대를 만드는 작업이다. 즉 공공과 개인 공간의 사이에 완충 공간을 두어 공간의 기능을 유연하게 만들려는 것이다. 예를 들어, 스튜디오 프레히트(Studio Precht)는 사회적 거리 두기 속에서 홀로 지내는 시간을 고려하여 이에 대한 대안으로 비엔나의 야외 공간에 '거리공원(Parc de la Distance)'을 제안했다. 이는 프랑스 바로크 양식의 정원과 일본의 젠 가든(Zen Garden)에서 영감을 받은 것이다.

거리공원(Parc de la Distance), 오스트리아
사람들 사이의 거리를 유지하면서 자연을 온전히 누릴 수 있도록 설계한 공원

인구와 건물 밀도

지금까지 도시 설계자와 정책 입안자들은 도시 확장에 있어 도시의 영역을 수평적으로 넓히기보다는 제한된 도시 영역에서 수직으로 올리는 도시의 고밀도화를 주장해 왔고 그렇게 도시계획을 진행하였다. 하지만 고밀도화는 팬데믹을 가장 좋지 않은 상황으로 몰고 가는 원인 중 하나다. IT의 발전은 과거처럼 사람 간의 직접적인 교류를 통해서만 의사소통을 하는 불편함을 덜어주었다. 공공시설과 산업의 도시 간 인구 분포를 통해 고밀도를 피하는 것이 예방책일 수 있다. 인구 밀도는 곧 건축물 밀도를 나타내며 이러한 밀도는 팬데믹에서 모두를 힘든 상황으로 내몬다는 것을 깨달았으므로 밀도 상황에 대한 대안을 만들어야 한다.

교통·이동성

대유행의 기간 동안 가장 큰 문제는 교통이다. 우리나라는 인구 밀도가 높기 때문에 이러한 공공 동선 네트워크는 사회적 거리 두기 규범을 준수하기 힘들게 하였다. 실제로 전 세계의 많은 도시에서는 차선을 보행자 전용 도로로 대체하는 대안적인 미래를 계획하고 있다. 또한 사회적 거리를 유지하고 자동차와 대중교통에 대한 의존도를 줄이기 위해 시민들에게 걷기와 자전거 타기를 권장한다. 걷기와 자전거 타기를 통해 환경오염을 줄이고 건강한 생활 방식과 자율을 얻게 된다는 것을 강조함으로써 이에 대한 문제를 해결하고자 한다. 파리 시장은 오염 방지 및 혼잡 방지 조치 계획('내일의 도시 파리')을 통해 도시 중심부에서 교외까지 새로운 자전거 도로망 도입 방안을 발표했다. 밀라노에서는 '열린 길(Open Streets)' 사업을 통해 여름 동안 35km의 도로를 사람 친화적인 거리로 용도를 변경하기도 했다. 이는 규범과 함께 대안까지 제시하는 좋은 방안이다.

| 현재 파리 시내 도로 | '내일의 도시 파리' 시내 거리 구상 |

① 길가 주차장 공간을 테라스와 정원으로 바꿈
② 도보 이용자와 느린 교통수단 대상 공유길 조성
③ 집 밖에서 바로 정원을 이용할 수 있게 조성
④ 어린이 안전을 위한 길 조성
⑤ 다양한 서비스를 근거리에서 제공(자전거 수리 등)

집에 대한 개념 재고

전염병으로 인해 활동에 제한을 받게 되자 사회적인 건축물보다 주거 형태와 공조를 이루는 방안에 관심을 갖게 되었다. 전염병이 창궐하는 상황 속에서 사회 활동을 하면서 흐름에 역행하지 않을 수 있는 친밀한 공간에 초점을 맞춘 것이다. 실제로 새로운 구성과 새로운 계획이 등장하고 있다. 무엇보다 집의 품질과 편안함은 이 상황에서 고려해야 하는 목록의 맨 위에 있을 것이다. 우리는 집에 갇혀 있는 동안 녹색 지역과 정원, 옥상, 자연 채광, 환기, 발코니 및 테라스, 최소한의 건전한 실내 환경에 다시 관심을 갖기 시작했다. 이는 밖에서 영위하던 환경을 최소한이나마 집에서도 누리기 위해 대비하는 것과 같다. 그렇기에 공동으로 생활해야 하는 아파트가 과연 이러한 조건을 갖출 수 있는 환경인지 다시 한 번 생각해 보아야 한다.

코로나19 대유행의 가장 큰 경제적 요인 중 하나는 세입자 퇴거 및 임대 중단 문제였다. 수백만 명의 사람들이 빠르게 일자리를 잃으면서 임대료를 지불하기 위해 고군분투하기 시작했다. 이제 경제가 서서히 회복되고 일부는 직장으로 복귀하기 시작하면서 임대인과 임차인이 향후 지불금을 어떻게 진행해야 하는지 모라토리엄에 대한 반발이 일고 있다. 세입자는 여전히 집세를 내지 못하고 있고, 집주인은 소득 부족에 시달리고 있는 것이다. 그러나 이 줄다리기가 실제로 빛을 발하는 것은 인구 밀도가 가장 높은 일부 도시에서 생활비를 얼마나 감당하기 힘들었는지에 대한 고찰이다.

우리가 역사에서만 배웠던 전염병을 직접 경험하게 되고 과거보다 더 글로벌해진 세계의 경제 네트워크 속에서 겪은 팬데믹의 충격은 실로 컸다. 그래서 대부분의 사람들은 각 분야에서 포스트 코로나를 준비할 것이라는 기대를 안고 있다. 건축 분야 또한 포스트 코로나 시대를 대비하기 위한 움직임이 일고 있다. 모던이 시작되면서 나타난 국제 양식의 건축 형태는 지금까지 글로벌 양식으로 자리 잡고 있다. 그러나 이제 코로나19로 인해 우리는 새로운 양식을 찾아야 할지도 모른다. 고층의 밀집된 형태가 아닌 건축 형태는 무엇일까? 이것이 앞으로 글로벌 주택이 되지 않을까? 저층 밀집 주택의 개발과 성장은 시골에서 해답을 찾을 수 있다. 현대 주택 프로젝트는 단순히 농촌과 교외 지역의 단독 주택이 아닌 자연 속에서 서로 공유하는 새로운 생활의 모델을 모색하고 있다.

전 세계적으로 코로나19의 대유행은 바이러스가 공중 보건에 미치는 영향뿐만 아니라 그로 인한 사회적, 경제적 충격파로 가장 가난한 사람들이 가장 큰 타격을 받는다는 사실이 드러났다. 그리고 이러한 상황이 사회적으로 무엇을 의미하는지 알게 되면서 사회 지도층들은 무엇을 준비해야 하는지 깨닫게 되었다. 쿠마 켄고는 "우리는 이제 생각하는 방식을 바꿔야 한다. 자연에 친절한 건축으로 바꾸고 싶다"라고 말했다. 그는 팬데믹이 건축과 환경에 미치는 영향에 대한 생각을 공유하기를 원했다. 건축가는 자연에 대한 집단적 책임을 비롯해 야외 활동을 허용하고 장려하는 건물과 도시 설계의 중요성을 진지하게 논의해야 한다. 목재 및 구리와 같은 천연 세균에 저항적 특성이 있는 제품, 그리고 박테리아 성장을 방지하는 데 도움이 되는 건축 재료를 찾아 사람들의 왕래가 빈번한 상업용 인테리어에 적용하는 것을 적극적으로 고려해야 한다.

재택근무가 지속된다면 도시는 어떻게 될까? 도심에서 우리의 삶은 지난 2년 동안 완전히 뒤바뀌었다. 재택근무를 하면서 그동안 경험했던 가정과 회사 사이에 있었던 도시의 모습이 낯설어지는 경우도 있었다. 재택근무로 이전과는 전혀 다른 삶을 경험하게 된 것이다. 이제 재택근무를 했던 사람들 중 일부는 "우리에게 도시가 필요한가?"라고 묻고 있다. 그 대답은 매우 확실하다. 전염병으로 더 발전하고 가속화된 이 디지털 시대에서 도시는 어떻게 변할까? 전 세계적으로 많은 사람들이 재택근무를 하면서 이로 인해 중심 업무 지구에 있는 대형 사무실 건물과 고층 빌딩이 비워지고 있다. 작업이 원격으로 진행되는 지금 일부에서는 이렇게 넓고 값비싼 공간이 앞으로도 필요한가에 의문을 갖고 있다.

바클레이스 CEO는 BBC와의 성명에서 이렇게 말했다. "우리의 상황에 대하여 장기적인 조정이 있을 것이다. 한 건물에 7,000명을 수용한다는 개념은 이제 과거의 일이 될 수 있다." 원격 근무는 확실히 비용을 절감할 것이다. 그러나 이러한 사무실이 없으면 비즈니스에 해로운 영향을 끼칠 수도 있다. 따라서 비즈니스 구역에서는 건물의 용도가 변경될 수도 있을 것이다.

팬데믹이 예기치 않게 발생한 것처럼 미래에 대한 예측 또한 그 누구도 명확하게 말하기는 어렵다. 최근에는 코로나19가 독감처럼 계속 우리 곁에서 사라지지 않을 것이라며 위드 코로나라는 단어가 등장하기도 했다. 하루빨리 이 상황이 종료되기를 바라는 마음은 전 분야가 기대하는 것이다. 백신 수급도 국가의 경제 상황에 따라 다르고 한국보다 이 상황을 더욱 잘 해결할 것이라 기대했던 선진국들이 고전하는 것을 보았다. 사람들은 이 비상사태를 의료 분야에서 해결해 줄 것이라 기대한다. 하지만 건축 분야에서는 이 상황을 좀 더 관찰하고 대안적인 계획을 세워야 한다. 이는 건축 분야가 건물뿐 아니라 도시까지 모든 부분에서 절대적으로 관여하고 있기 때문이다.

전염병의 전파는 사람의 동선과 관계가 있다. 따라서 사회적 거리두기를 위한 공간 확보 또한 염두에 두어야 한다. 대부분의 공간 설계는 면적 계산에 근거를 두고 계획하는데 대부분 이러한 상황을 고려하지 않은 것들이다. 늘 이 상황이 지속되지는 않을 것이라 예상하지만 과거 전염병이 역사 곳곳에 등장한 것을 보면 코로나19 이후 또 다른 전염병이 인류를 위협할 수도 있다. 역사 속에 등장한 전염병 중에는 자연적인 고립 상태가 된 한 부류에서 전염이 멈춘 경우도 있다. 그러나 글로벌 시대에서 그러한 상황은 불가능하다. 국가를 차단하고 거리 두기를 한다고 해도 인구의 폭증은 이러한 조치가 아무 소용없다는 것을 깨닫게 한다. 건축에서는 이러한 상황을 감안하여 개인별 공간 확보와 기능 변화가 가능한 공간을 계획해야 한다. 그래야 비상 상황에 사무실과 상점의 운영이 멈추지 않고 자가격리나 재택근무를 통해 전염병을 차단할 수 있을 것이다.

사 람   공 간   건 축

우리에게
자연을 파괴할 권리는 없다

본문의 내용을 다시 한 번 읽으면서 이러한 내용이 왜 사람들에게 필요할까 의문을 가져본다. 또는 건축 외에도 우리가 살아가면서 필요한 내용이 얼마나 많은데 누가 관심을 가질까 생각해 본다. 본문 내용 중 동굴에서 나오지 못한 인류의 내면 때문에 건축가들이 공간을 오픈시키고, 역사를 배경으로 건축을 설명하는 부분, 건축물이 우리에게 필요한 이유, 디자인에 대한 질문 등의 내용들이 있다. 사람들은 이러한 내용에 관심이 있을까? 이러한 생각이 가끔 책을 쓰다가 중단하게 한다. 내가 책을 쓰는 대상은 누구일까? 일반인을 대상으로 쓰지만 내용이 어려운 탓에 일반인들은 이러한 이론적인 내용보다 집 짓는 것에 더 관심있지 않을까 생각해 본다. 그런데 일반인을 대상으로 하는 외부 강의를 해보면 의외로 높은 수준에 놀라는 경우가 많다. 그리고 아는 만큼 보인다는 생각을 의심하지 않는다.

내용 중 전문가와 비전문가에 대한 나의 구분은 꼭 전하고 싶은 내용이었다. 학력 위주의 사회에서 자격 미달의 전문가를 찾아 내는 방법은 일반인들의 수준이 높아야 한다고 늘 생각한 것이 이 책을 쓰게 된 동기 중 하나이다. 또 하나는 전 세계 어디를 가도 한국인 관광객이 있다. 관광의 대부분은 건축물을 보는 것이다. 만일 건축을 모르면 뭘 볼까? 관광 안내자의 말에만 의존하는 것이 아닐까? 만일 건축을 조금이라도 안다면 그 관광이 조금 더 재미있지 않을까? 그리고 조금 더 나아가 이제 우리는 환경에 진심으로 신경 써야 한다. 자연은 그냥 주어졌지만 우리가 파괴할 권리는 없다. 지금 선진국은 자연에 대하여 엄격하다. 이제 우리도 선진국이 되었기에 그러한 사고를 가져야 한다. 선진국은 부자인 나라만 의미하는 것이 아니라 국민의 지식도 부자인 나라이다. 제4차 산업혁명은 개인이 6차 산업(1차 산업×2차 산업×3차 산업=6차 산업)이 가능해지는 것도 의미한다. 이를 위해서는 다양한 지식이 요구되는 시기이다.

이 책에 담으려 했던 취지가 제대로 전달되는지 의문이다. 과거에 전염병이 돌았을 때는 사실 집단 면역으로 해결이 됐지만 많은 희생자가 따랐다. 이제 팬데믹의 경험을 한 현대 사회는 이를 대처할 것이지만 우리 개인도 지식과 경험을 바탕으로 철저히 준비해 나가야 한다. 이 책이 이렇게 범위에 있어서 너무 광범위한 욕심을 냈지만 이러한 취지가 전달됐으면 하는 바람이다.

2022년 3월
분당에서 **양 용 기**

이미지 출처

1장

031p	위 ⓒAngelina Dimitrova / Shutterstock.com 아래 ⓒWagner Santos de Almeida / Shutterstock.com
032p	ⓒJean-Honoré Fragonard, Public domain, via Wikimedia Commons
033p	ⓒArtur Bogacki / Shutterstock.com
040p	ⓒRitu Manoj Jethani / Shutterstock.com
055p	ⓒKobby Dagan / Shutterstock.com
058p	위 ⓒJHVEPhoto / Shutterstock.com 아래 ⓒChecubus / Shutterstock.com
066p	ⓒDavid Pereiras / Shutterstock.com
068p	ⓒ동아일보

2장

082p	ⓒHakan Tanak / Shutterstock.com
083p	우 ⓒwjarek / Shutterstock.com
095p	우 ⓒViroj Phetchkhum / Shutterstock.com
098p	위 ⓒChristian Mueller / Shutterstock.com 아래 ⓒ양용기, 「건축, 어렵지 않아요」, 건기원
105p	ⓒsockagphoto / Shutterstock.com
114p	ⓒStaib, Public domain, via Wikimedia Commons
116p	ⓒChristian Mueller / Shutterstock.com
119p	위 ⓒcanyalcin / Shutterstock.com 아래 ⓒwww.skyscrapercity.com

3장

131p ⓒ양용기, 「건축, 어렵지 않아요」, 건기원
137p ⓒlingling7788 / Shutterstock.com
153p 두번째 ⓒDENCHIK on Unsplash

4장

169p 아래 ⓒGimas / Shutterstock.com
170p ⓒBearFotos / Shutterstock.com
181p ⓒwww.meierpartners.com/
194p 위 ⓒ서울특별시 소방재난본부   아래 ⓒ문화역서울 284
196p ⓒ서울역사아카이브
199p ⓒ서울특별시 소방재난본부
200p ⓒ서울역사아카이브
202p ⓒJean-Pierre Dalbéra, Public domain, via Wikimedia Commons
206p 아래 ⓒStock for you / Shutterstock.com

5장

223p 위 ⓒwww.gsa.ac.uk   가운데 ⓒcornfield / Shutterstock.com
225p ⓒJaroslav Moravcik / Shutterstock.com
228p 가운데 ⓒEverett Collection / Shutterstock.com
231p ⓒU.S. Department of Housing and Urban Development Office of Policy
       Development and Research, Public domain, via Wikimedia Commons
233p 좌 ⓒWiiii, via Wikimedia Commons
       우 ⓒMario_Botta, Public domain, via Wikimedia Commons
234p ⓒ양용기, 「건축, 어렵지 않아요」, 건기원
238p 위 ⓒElnur / Shutterstock.com   아래 ⓒPigprox / Shutterstock.com
243p 좌 ⓒVictor Grigas, via Wikimedia Commons
251p ⓒStudio Precht
253p ⓒ국토연구원, 「국토이슈리포트 32호, 프랑스 안 이달고 파리시장의 '내일의 도시 파리'
       정책공약」